DICTIONNAIRE

DES

SCIENCES NATURELLES.

—

PLANCHES.

BOTANIQUE : VÉGÉTAUX DICOTYLÉDONS.

95 — 191.

STRASBOURG, DE L'IMP. DE F. G. LEVRAULT.

DICTIONNAIRE

DES

SCIENCES NATURELLES.

Planches.

2.ᶜ PARTIE : RÈGNE ORGANISÉ.

Botanique

CLASSÉE D'APRÈS LA MÉTHODE NATURELLE DE

M. ANTOINE-LAURENT DE JUSSIEU,

Membre de l'Académie royale des sciences de l'Institut.

PAR

M. P. J. F. TURPIN,

Membre de plusieurs sociétés savantes.

VÉGÉTAUX DICOTYLÉDONS. 95 — 191.

PARIS,

F. G. LEVRAULT, LIBRAIRE-ÉDITEUR, rue de la Harpe, n.º 81,

Même maison, rue des Juifs, n.º 33, à STRASBOURG.

1816 — 1829.

TABLE DES PLANCHES

D U

DICTIONNAIRE DES SCIENCES NATURELLES.

BOTANIQUE.

4.ᵉ DIVISION. = VÉGÉTAUX DICOTYLÉDONS. (*Suite.*)

N.º d'ordre.	FAMILLES.	GENRES ET ESPÈCES.	RENVOI AU TEXTE. Tome.	RENVOI AU TEXTE. Page.	N.ᵉ du cahier.

CLASSE DOUZIÈME.
ÉPICOROLLIE-CHORISANTHÉRIE.

N.º d'ordre.	FAMILLES.	GENRES ET ESPÈCES.	Tome.	Page.	N.ᵉ du cahier.
95	Dipsacées	Cardère sauvage	7	83	5
96	Idem	Allione incarnate	1 61	480	24
97	Valérianées	Valériane dioïque	56	439	19
98	Galiées	Shérarde des champs	49	72	40
99	Rubiacées	Café d'Arabie	6	140	37
100	Idem	Ixore écarlate	24	59	23
101	Idem	Stévensie à feuilles de buis.	50	546	40
102	Operculaires	Operculaire à feuilles de troëne	36	165	40
103	Cornées	Cornouiller mâle ou cultivé.	10	479	38
104	Sambucées	Sureau commun; S. noir	51	389	52
105	Caprifoliées	Chèvre-feuille des jardins.	8	513	30
106	Idem	Symphorine à grappes	51 61	429	36
107	Idem	Linnée boréale	26	524	47
108	Loranthées	Loranthe à petites fleurs	27 61	197	22

CLASSE TREIZIÈME.
ÉPIPÉTALIE.

N.º d'ordre.	FAMILLES.	GENRES ET ESPÈCES.	Tome.	Page.	N.ᵉ du cahier.
109	Rhizophorées	Palétuvier des marais	45	386	36
110	Ombellifères	Ciguë officinale; C. commune	9	218	4
111	Idem	Hydrocotyle spananthe	22	156	50
112	Idem	Panicaut maritime	37	337	50
113	Araliacées	Gin-seng à cinq feuilles	18	546	6

CLASSE QUATORZIÈME.
HYPOPÉTALIE.

N.º d'ordre.	FAMILLES.	GENRES ET ESPÈCES.	RENVOI AU TEXTE.		N.º du cahier.
			Tome.	Page.	
148	Élæocarpées....	Ganitre azuré............	18 61	133	37
149	Bixinées........	Rocouier cultivé.........	46	143	35
150	Flacourtiées....	Ramontchi des haies.....	44 61	431	39
151	Ternstromiées...	Ternstrome à feuilles elliptiques................	53 61	182	23
152	Camelliées.....	Camellia du Japon.......	6	293	22
153	Idem..........	Thé bou..............	53	417	40
154	Marcgraviacées .	Marcgrave à ombelles....	29	146	17
155	Guttifères.....	Clusier rose...........	9	443	13
156	Idem..........	Idem (analyse)........	9	443	
157	Idem..........	Mamei d'Amérique.......	28	462	42
158	Hypéricées	Millepertuis commun.....	31	75	2
159	Aurantiacées....	Oranger à fruits doux....	9	307	6
160	Vinifères.......	Vigne cultivée..........	58	120	14
161	Idem..........	Achit caustique........	9 61	272	45
162	Hippocratées....	Béjugo grimpant........	4	279	24
163	Acérinées.......	Érable sycomore........	15	144	32
164	Malpighiacées...	Moureiller à grandes feuill.	33 61	157	25
165	Hippocastanées..	Pavie rouge..........	38	159	30
166	Idem..........	Idem (analyse).........	38	159	32
167	Érythroxylées...	Érythroxylon à feuilles de laurier...............	15	283	49
168	Méliacées	Trichilie à feuilles de monbin................	5 55	336 203	24
169	Idem..........	Idem (analyse)........	55	203	25
170	Cédrélées.....	Acajou à meubles.......	28	81	36
171	Sapindées.......	Thouinia à feuilles simples.	54	312	29
172	Idem..........	Litchi longane	27	58	
173	Idem..........	꞊ ponceau	27	57	34
174	Polygalées	Polygala commun........	42	333	14
175	Trémandrées....	Tétrathéca glanduleuse ...	53	333	37
176	Fumariées......	Corydalis jaune.........	10	576	30
177	Papavéracées....	Pavot cultivé	38	175	1
178	Podophyllées...	Podophyllum en bouclier.	42	66	33
179	Nymphéacées [1] ..	Nénuphar blanc.........	35	252	2
180	Idem..........	Nélumbo à fleurs jaunes..	34 61	356	51
181	Sarracéniées....	Sarracène à fleurs purpurines................	47	404	56

[1] C'est par erreur que l'on a mis au haut de cette planche *Monocotylédones*, au lieu de *Dicotylédones*.

N.º d'ordre.	FAMILLES.	GENRES ET ESPÈCES.	RENVOI AU TEXTE.		N.º du cahier.
			Tome.	Page.	
182	Crucifères......	Giroflée des murailles	18	569	8
183	*Idem*..........	Lunaire annuelle........	27	353	
184	Capparidées.....	Caprier d'Égypte........	6	515	22
			61		
185	Droséracées	Dionée attrape-mouche...	13	284	19
186	*Idem*.........	Parnassie des marais.....	38	2	27
187	Résédacées......	Réséda jaune..........	45	231	30
188	Violacées	Violette à feuilles digitées.	58	231	29
			61		
189	Frankéniacées...	Franquenne poudreuse....	17	363	44
190	Cistinées.......	Ciste à feuilles de consoude	9	280	19
191	Caryophyllées ..	Lychnide à grandes fleurs.	27	395	25

FIN DE LA TABLE DE LA 2.ᵉ PARTIE DES VÉGÉTAUX DICOTYLÉDONS.

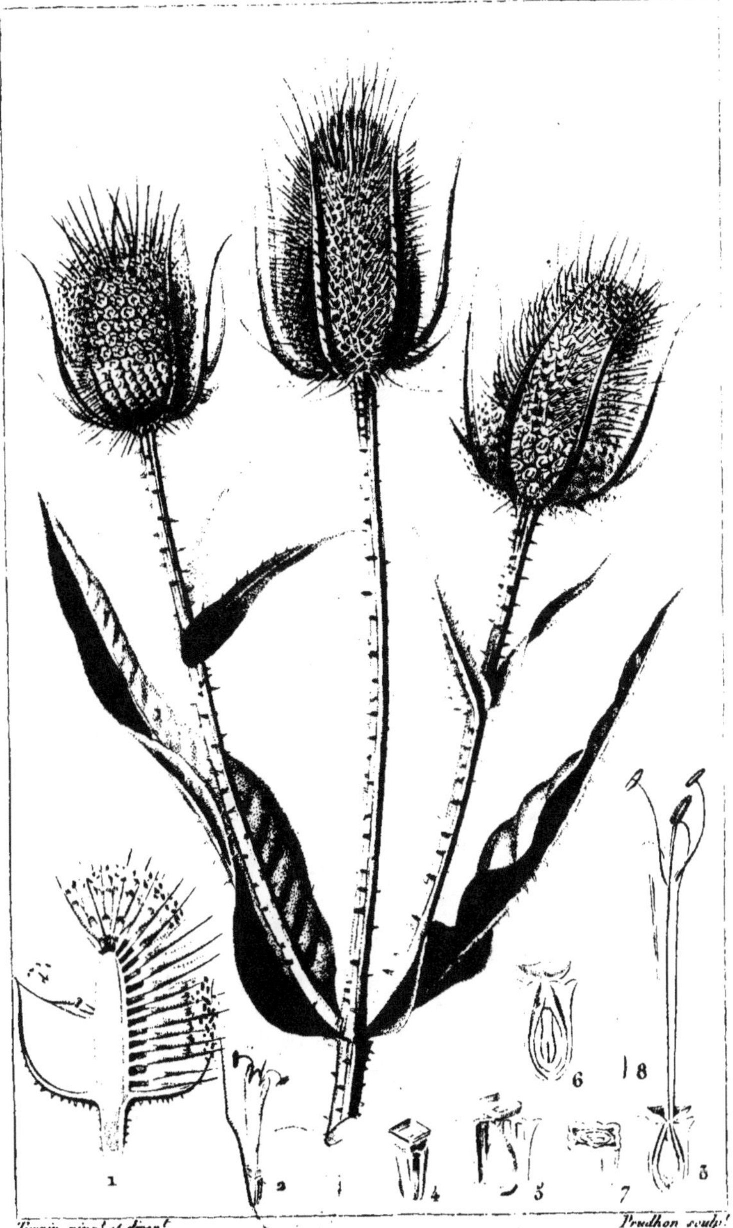

Turpin pinx.! et direx.!   Prudhon sculp.!

CARDÈRE sauvage.
DIPSACUS sylvestris.
(½ de grandeur nat.)

1. Coupe verticale d'une tête de fleur. 2. Fleur entière accompagnée de son écaille ou paillette.
3. Coupe longitudinale d'une fleur. 4. Fruit entouré du calice extérieur. 5. le même dont on
a ouvert le calice extérieur. 6. Coupe longitud.le d'un fruit. 7. Id. en travers. 8. Embryon.

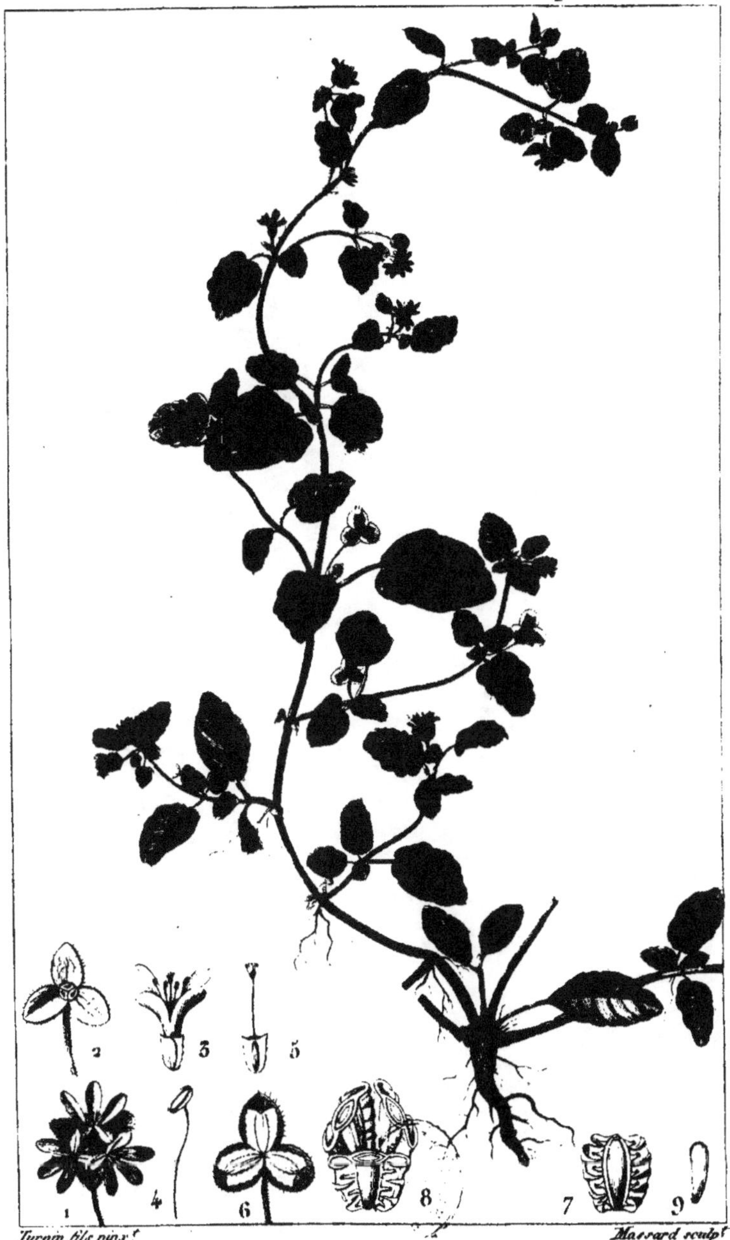

ALLIONE incarnate.

ALLIONIA incarnata. (Lin.)

(²/5 de Grand. nat.)

1. *Capitule triflore.* 2. *Involucre triphylle.* 3. *Fleur isolée.* 4. *Etamine.* 5. *Calice adhérent et pistil.* 6. *Fruits contenus dans l'involucre.* 7. *Fruit isolé.* 8. *Trois fruits coupés horizontalement.* 9. *Embryon.*

VALÉRIANE dioïque.

VALERIANA dioica. (Lin.)

(1½ Grand. nat.)

A. Individu mâle, par avortement du stigmate. B. Individu femelle, par réduction des étamines a l'état rudimentaire. 1. Fleur mâle accompagnée de sa feuille rudiment.re 2. Id. dont on a ouvert la corolle. 3. Fleur femelle. 4. Id. dont on a ouvert la corolle pour faire voir les étamines rudiment.res 5. Fruit couronné par le calice persistant. 6. Id. dépourvu de calice et coupé verticalement. 7. Embryon.

SHÉRARDE des champs.
SHERARDIA arvensis. *(Lin.)*
(Grand. nat.)

1. Fleur entière. 2. Calice et pistil. 3. Id. coupé vertic.ent 4. Corolle ouverte. 5. Fruit.
6. Moitié d'un fruit vu par l'extérieur. 7. Id. vu par l'int.r 8. Fruit coupé vertic.ent 9. Id.
vu horizont.t 10. Coupe longitud.le pour faire connaître la sit.on de l'emb.on 11. Emb.n isolé.

DICOTYLÉDONES.   Rubiacées *(Juss.)*

CAFÉ d'Arabie.
COFFEA Arabica. *(Lin.)*
(½ Grand. nat.)

1. Calice et pistil. 2. Corolle ouverte pour faire voir l'insertion des cinq étamines.
3. Fruit (gross. nat.) 4. Id. dont on a enlevé une portion de l'épicarpe et du mésocarpe. 5. Id. coupé horizontalem.¹ 6. Graine 7. Coupe verticale d'une graine.
8. Embryon isolé. 9. Germination. a. Feuilles cotylées épigées, accrescentes.

DICOTYLÉDONES. Rubiacées. *(Juss.)*

IXORE écarlate.
IXORA coccinea. *(Lin.)*
(2 5.me Grand. nat.)

1. Calice et pistil. 2. Corolle ouverte et étamines. 3. Étamine. 4. Id. vue par le dos. 5. Fruit. 6. Id. coupé dans sa longueur. 7. Id. coupé horizontalement. 8. Graine revêtue de l'Endocarpe. 9. Embryon.

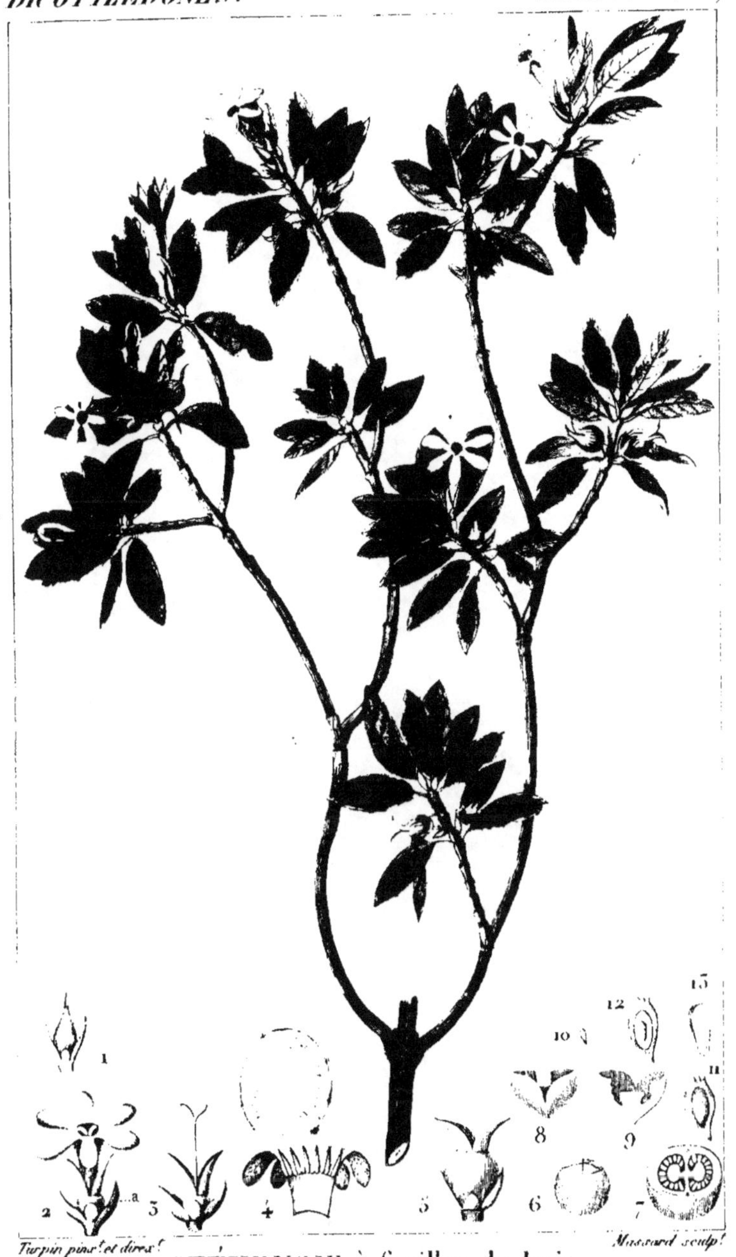

STÉVENSIE à feuilles de buis.
STEVENSIA buxifolia. *(Poit. Ann. Mus.)*
(1½ Grand. nat.)

1. Fleur en bouton. 2. Id. épanouie. a. Calicule. 3. Calice, calicule et pistil. 4. Corolle ouverte pour montrer l'insertion des six étamines. 5. Fruit. 6. Id. dépourvu du limbe calicinal. 7. Id. coupé horizontalem.t 8 et 9. Deux coques vues l'une en dehors, l'autre en dedans. 10. Graine de gross. nat. 11. Id. grossie. 12. Id. coupée vert.t 13. Emb.on

OPERCULAIRE à feuilles de Troëne.
OPERCULARIA ligustrifolia. *(Juss. Ann. Mus.)*
(Grand. nat.)

1. Fleur entière, grossie. 2. Étamine. 3. Calice ouvert laissant voir l'insertion des étamines. 4. Fruit. 5. Graine. 6. Id. grossie. 7. Id. vue dans un autre sens. 8. Id. coupée horizontalement. 9. Id. coupée verticalement.

Turpin pinx. et direx.   Victor sculp.

CORNOUILLER mâle ou cultivé.
CORNUS mascula. *(Lin.)* C. *Sativa. (Kniph.)*
(¹⁄₂ Grand. nat.)

1. Ombellule de fleurs. 2. Fleur isolée. 3. Coupe verticale d'un pistil. 4. Fruit dont on a enlevé une portion du péricarpe. 5. Osselet. 6. Id. coupé verticalement. — Idem coupé horizontalement. a. Loge et graine avortée. 8. Id. dans lequel la loge avortée a entièrement disparu. 9. Embryon.

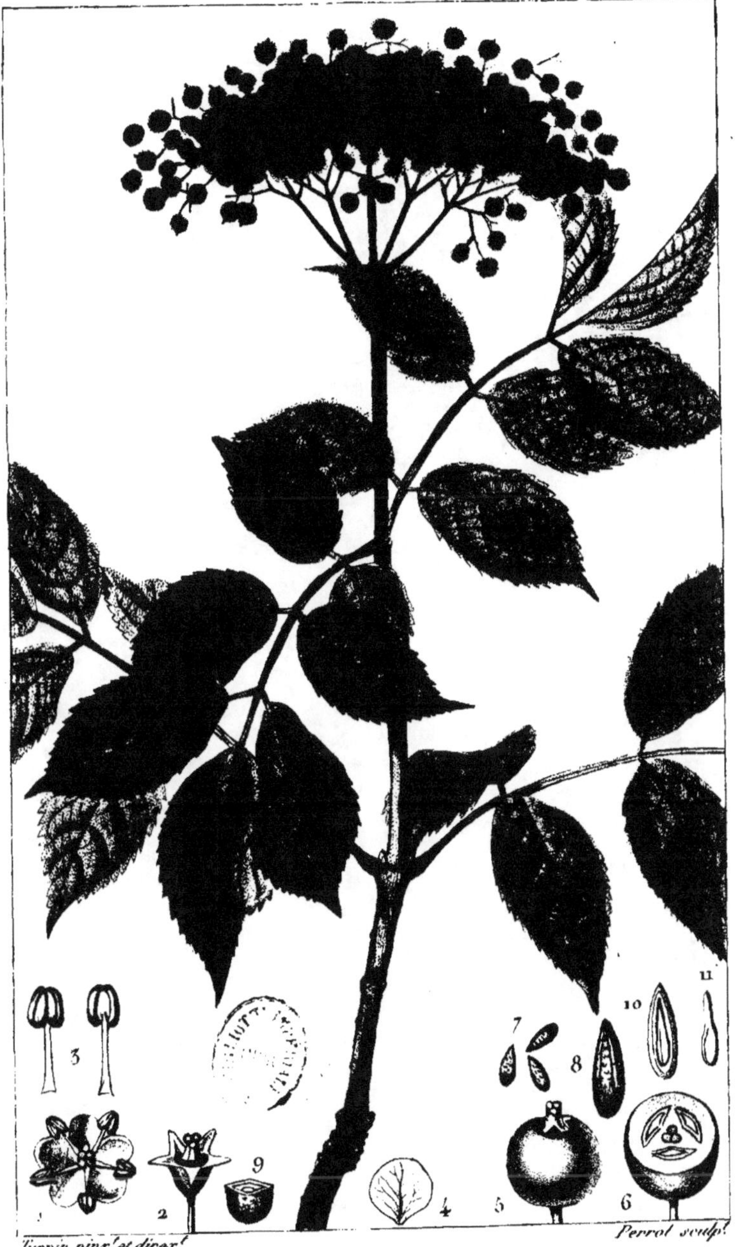

SUREAU commun.
SAMBUCUS nigra.*(Lin.)*

(½ grand. nat.)

1. Fleur. 2. Calice et pistil. 3. Étamines vues en différents sens. 4. Pétale. 5. Fruit. 6. Id.
coupé. 7. Graines. 8. Graine grossie. 9 et 10. Id. coupées en sens différents. 11. Embry.?

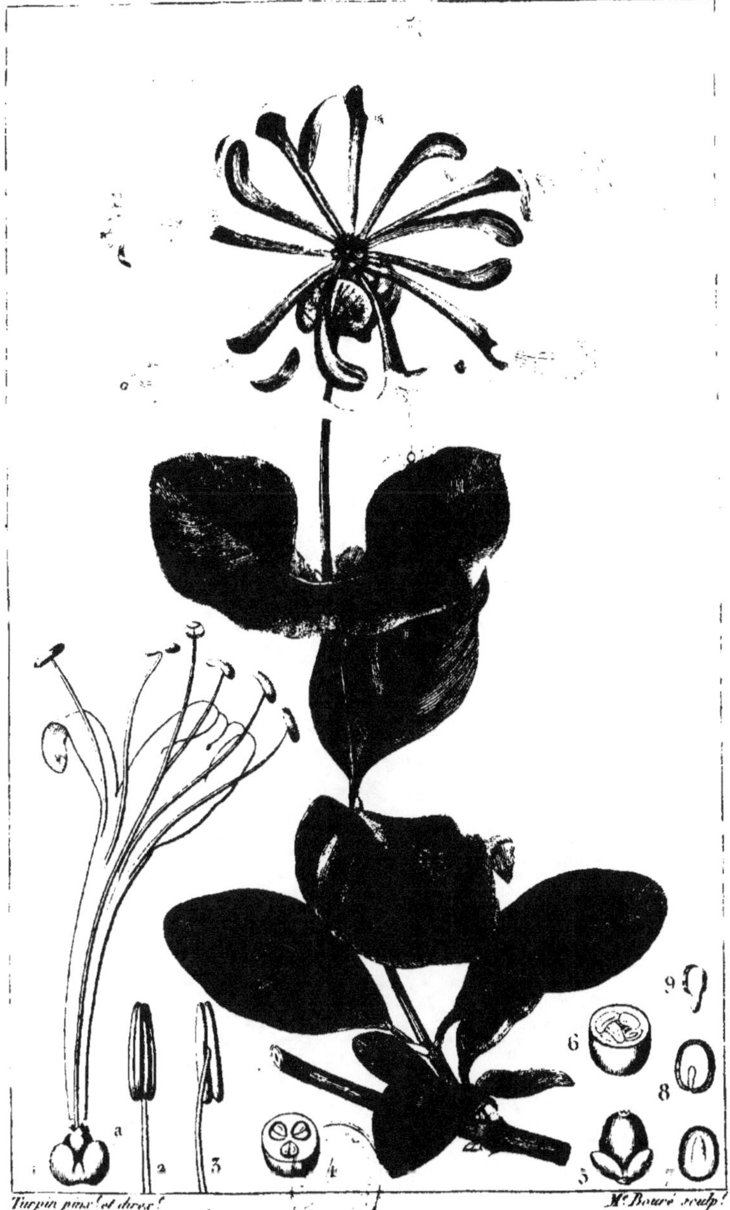

DICOTYLÉDONES. Caprifoliées. *(Juss.)*

Turpin *pinx.t et direx.t* M.r *Bouré sculp.t*

CHÈVRE-FEUILLE des jardins.

LONICERA caprifolium. *(Lin.)*

(2/3 Grand. nat.)

1. *Fleur entière dont on a ouvert la corolle pour faire voir l'insertion des 5 étamines. a. Feuille rudimentaire à l'aisselle de laquelle est née la fleur. 2. Étamine. 3. Id. vue par le dos. 4. Coupe horizontale d'un ovaire. 5. Fruit. 6. Id. coupé en travers. 7. Graine. 8. Id. coupée verticalem.t pour faire voir que l'Embryon est situé à la base d'un endosperme. 9. Embryon isolé.*

SYMPHORINE à grappes.
SYMPHORICARPOS racemosa. *(Michx.)*

(A. Individu en fleurs, grand. nat. B. Ind. en fruits, ½ de grand. nat.)
1. Fleur entière, grossie. 2. Id. coupée verticalem.t 3. Corolle. 4. Étamine. 5. Ovaire coupé horizontalement. 6. Fruit coupé verticalement. 7. Graine. 8. Id. coupée horizontalement. 9. Id. coupée verticalement. 10. Embryon.

DICOTYLÉDONES.   Caprifoliacées. *(Juss.)*

LINNÉE Boréale.
LINNÆA Borealis. *(Lin.)*
(grand. nat.)

1. Fleur g. . . . . e Ostucule. 2. Ovaire et calice. 3. Une fleur coupée verticalement.
4 et 5. Éta. . . . nes en sens différents. 6. Pédoncule.

LORANTHE à petites fleurs.

LORANTHUS parviflorus. *(Lam.)* *L. uniflorus.* *(Lin.)*

(Grand. nat.)

1. *Fleur entière, grossie.* a. *Cabicule triphylle.* 2. *Corolle ouverte pour faire voir l'inégalité des étamines et leur insertion.* 3. *Étamine grossie.* 4. *Calice et pistil.* 5. *Fruit.* 6. *Id. coupé verticalement.* 7. *Graine.* 8. *Embryon.* 9. *Id. dont on a écarté les cotylédons.* 10. *Germination.*

Turpin pinx.t et direx.t   Gabriel sculp.t

PALÉTUYIER des marais. *(Manglier.)*
RHIZOPHORA mangle. *(Lin.) (P.l 3 Grand. nat.)*

1 Fleur ouverte, étamines opposées aux folioles du calice et de la corolle. 2 et 3 Étamines vues en
deux sens différens. 4 Coupe verticale d'un pistil, ovaire biloc.re 5 Péricarpe. 6 Id. coupé vertic.ent
a Loge avortée. b Attache de la graine. c Arille bicupulé. 7 Coupe verticale d'une graine. a Emb.on
8 Coupe d'un fruit à l'état de germination de l'emb.on a Tégument de la graine. b Cotyléd. c Portion
de la radicule. 9 Cotylédons écartés. 10 Gemmules axillaires aux cotylédons.

DICOTYLÉDONES.　　　　Ombellifères.

CIGUE officinale.
CONIUM maculatum. *(Lin.)*

1. Tige canelée, fistuleuse. 2. Fleur entière, grossie. 3. Fruit de grosseur naturelle.
4. le même grossi. 5. Coupe horizontale. 6. Coupe verticale dans la quelle on
voit la graine et la situation de l'embryon. 7. Embryon grossi.

Turpin pinx.! et direx.!　　　　M.! Massard sculp.!

HYDROCOTYLE spananthe.
HYDROCOTYLE spananthe. (Willd.)
(1½ grand. nat.)

1. Fleur. 2. Calice et pistil. 3. Pétale. 4. Étamine. 5. Fruit coupé en travers. 6. Fruit tel qu'il s'ouvre naturellem.! 7. Graine. 8. Id. coupée verticalem.! 9. Embryon isolé.

PANICAUT maritime.
ERYNGIUM maritimum. *(Lin.)*
(½ grand. nat.)

1. Fleur entière à Feuille rudimentaire à l'aisselle de laquelle est né le rameau
floral. 2. Un pistil. 3. Une étamine. 4. Fruit couronné par le calice et les styles
persistants. 5. Id. coupés en divers sens. 7. Graine. 8. Embryon.

Turpin pinx.t et direx.t

M.e Massard sculp.t

DICOTYLÉDONES. Araliacées.

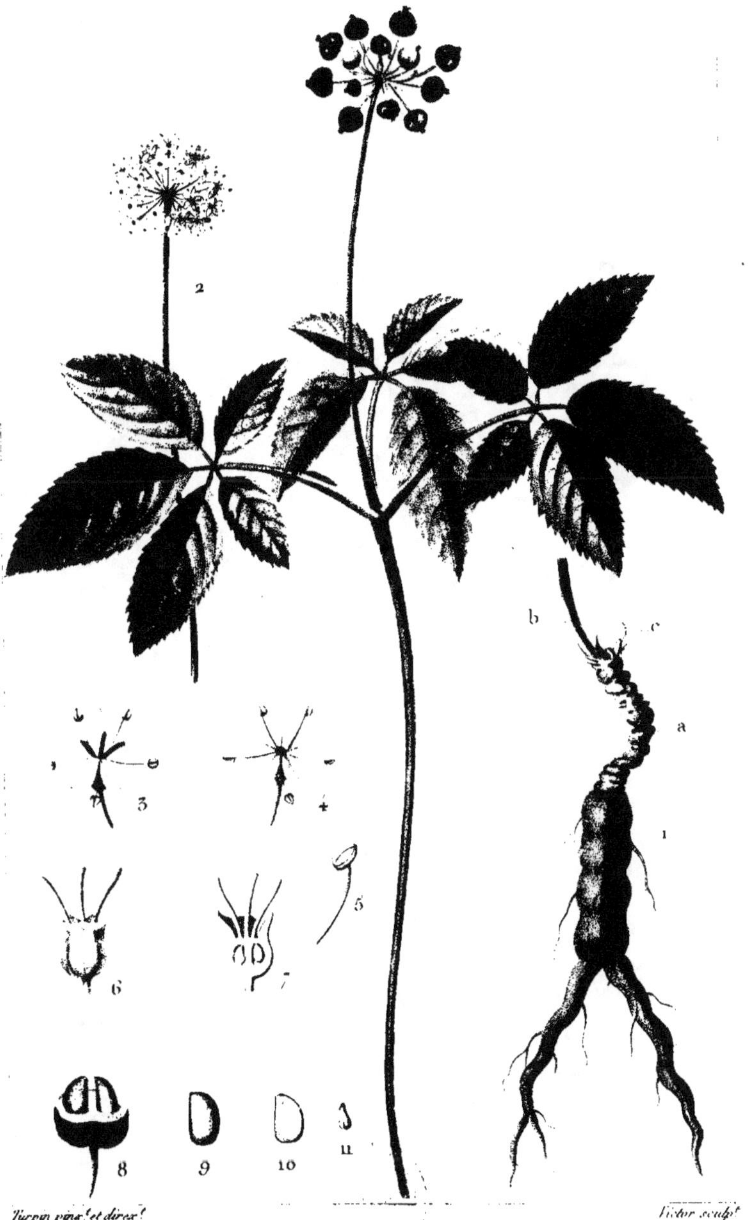

GIN-SENG à cinq feuilles.
PANAX quinquefolium. *(Lin.)*
(½ grand. nat.)

1. Racine. a. Tige proprement dite. b. Hampe présente. c. Abrégé de celle de l'année suivante. 2. Hampe portant une ombelle de fleurs. 3. Fleur hermaphrodite. 4. Id. mâle. 5. Étamine. 6. Calice et pistil. 7. Coupe verticale d'un ovaire. 8. Fruit coupé en travers afin de faire voir les deux graines. 9. Graine. 10. la même coupée dans sa longueur. 11. Embryon.

Turpin pinx.^t et direx.^t   Gabriel sculp.^t

RENONCULE lancéolée.

RANUNCULUS lingua. *(Lin.)*

(1½ Grand. nat.)

1. Fleur dont on a détaché les pétales. a. Un pétale. 2. Une étamine grossie. 3. Id. vue par le dos. 4. Fruit multi-carpellé. 5. Carpelle isolé et grossi 6. Id. coupé dans le sens vertical. a. Péricarpe. b. Tunique propre de l'embryon. c. Albumen. d. Embryon.

ANCOLIE de Canada.

AQUILEGIA Canadensis. *(Lin.)*

(1/2 Grand. nat.)

1. Étamines et pistils. 2. Pistils, quelques étamines et lames du phycostème. a. lames crispées du phycostème 3. Anthère grossie. 4. Pétale. 5. Fruits verticillés. 6. Fruit isolé. 7. Graine grossie 8. Id. coupée dans sa longueur. 9. Embryon.

HIBBERTE volubile.

HIBBERTIA scandens. Andr.

(2 Gran.)

1. Calice polysépale, sépales alternes, pistil et une étamine. 2. Fruits. 3. Graine
grossie. a. Arille incomplet. 4. Id. coupée dans sa longueur pour faire voir
la situation de l'embryon dans le périsperme. a. l'Arille.

MAGNOLIA nain.

MAGNOLIA pumila. *(Andr.)*

(½ Grand. nat.)

1. Pétale. 2. Etamine. 3. Pistils disposés alternativem.t et en spirale autour de l'axe. 4. Fruits aggrégés. 5. Péricarpe ouvert pour faire voir la situation de la graine. 6. Graine dont on a enlevé une partie de la tunique arillaire. 7. Graine coupée verticalem.t 8. Embryon.

ANONE écailleuse.

ANONA squamosa. *(Lin.)*

Pomme - canelle. (½ Grand. nat.)

1. Calice, étamines et Pistils. a . place des pétales. 2. Étamine. 3. Fruits soudés.
4. Coupe verticale des mêmes pour faire voir l'axe central et les graines qui
en émanent. 5. Graine. 6. Id. dont on a enlevé une partie du tégument. 7. Id.
coupée dans sa longueur pour faire voir la situation de l'embryon dans
le périsperme. 8. Embryon.

Turpin pinx.^t et direx.^t   Dien sculp.

VINETTIER commun.
BERBERIS vulgaris *(Lin.)*
(Grand. nat.)

1. Grappe de fleurs. 2. Fleur ouverte. 3. Pétale détaché ayant à sa base deux glandes entre lesquelles est contenue une étamine. 4. Étamine. a. Loge et pollen. b. Opercule. 5. Calice et pistil. 6. Coupe verticale d'un fruit. 7. Graine. 8. La même coupée dans sa long.^r 9. Embryon.

MENISPERME de Canada.
MENISPERMUM canadense.
(²/3 Grand. nat.)

1. Fleur stérile grossie. 2. Étamine isolée. 3. Fleur fertile. 4. Fruit avec avort.^{ent} de deux ovaires. 5. Id. avec avort.^{ent} d'un ovaire. 6. Id. coupé horizont.^{ent} 7. Id. coupé vertical.^{ent} 8. Graine vêtue de l'endocarpe. 9. Id. dépouillée de l'endocarpe. 10. Embryon isolé.

GOMPHIE luisante.
GOMPHIA nitida. (Vahl.)

(1/2 Grand. nat.)

1. Fleur dépouillée de ses folioles pétalées. 2. Étamine ou péricarpe rudiment.re latéral avorté par famine. 3. Id. coupée horizont.ent 4. Pistil. a. Mérithale ou article éloignant l'insertion des feuilles staminées de celle des f.les ovariennes. 5. Ovaires coupés horizont.ent 6. Cinq fruits dont cha que mésocarpe est le produit d'une feuille. 7. Péricarpe coupé vertic.ent 8. Id. c.pé horiz.ent 9. Embr.on

Turpin pinx.t et direx.t　　　　　Dien sculp.t

Turpin pinx.^t et direx.^t

Plée sculp.^t

RUE fétide.
RUTA graveolens. *(Lin.)*
(½ Grand. nat.)

1. Fleur avant l'anthèse. 2. Fleur ouverte. 3. Calice et pistil. a. Podogyne. 4. Étamine. 5. Fruit. 6. Id. coupé horizontalement. 7. Graine. 8. Id. grossie. 9. Idem coupée verticalement. 10. Id. coupée en travers. 11. Embryon.

Turpin pinx.^t et direx.^t

Massard sculp.^t

TRIBULE à fleurs de ciste.
TRIBULUS cistoïdes. *(Lin.)*
(½ Grand. nat.)

1. Fleur dont on a enlevé les pétales. 2. Pistil avec une étamine. a. Phycostème. 3. Fruit
coupé horizontalement. 4. Une coque isolée. 5. Id. coupée dans sa long.^r 6. Graine.
7. Id. grossie. 8. Embryon.

Turpin pinx.t et direx.t   Massard sculp.t

DIOSMA à une fleur.,
DIOSMA uniflora. (Lin.)
(½ Grand. nat.)

1. Fleur dont on a enlevé les pétales. 2. Portion de la même pour faire voir le pistil et l'insertion des étam.es 3. Pétale 4. Coupe horizont.e d'un ovaire. 5. Étamine. 6. Id. vue par le dos 7 et 8. Étamines rudimentaires. 9. Fruit. 10. Id. coupé en travers. 11. Une des capsules du fruit. 12. Graine. 13. Id. coupée horizont.ant. 14. Id. coupée verticalem.t. 15. Feuille.

QUASSIER amer.
QUASSIA amara. *(Lin.)*

(½ grand. nat.)

Fleur et son anthère. 2. Calice, étamines et pistil. 3 et 4. Étamines vues en sens différents. 5. Id. grossies et de l'oreille. 6. Calice et pistil. 7. Id. décagone. 7. Fruits. 8. Leur coupe verticale montrant la graine.

Turpin pinx.t et direx.t   Forget sculp.t

CASTEL à tiges couchées.
CASTELA depressa. Turp.

(Grand. nat.)

1. Fleur hermaphrodite. 2. Id. mâle. 3. Coupe longitudinale d'un fruit attaché sur le placenta commun. a. Phycostème. b. Placenta. 4. Coupe verticale d'un fruit et d'une graine pour faire voir la situation de l'embryon dans le périsperme. 5. Id. coupé en travers. 6. Embryon.

Turpin pinx.t et direx.t   Plée sculp.t

FAGARIER à feuilles de Jasmin.
FAGARA pterota.
(½ Grand. nat.)

A. *Individu fertile.* B. *Individu stérile.* 1. *Fleur stérile par l'avortement du pistil.* 2. *Pistil avorté.* 3. *Fleur fertile, dans laquelle les étamines avortent.* 4. *Pistils.* 5. *Fruits (gross. nat.)* 6. *Un fruit ouvert.* 7. *Id. coupé horizont.t* 8. *Graine.* 9. *Id. coupée horizont.t* a. *Une loge avortée.* 10. *Id. coupée verticalem.t pour faire voir la situation de l'embryon.* 11. *Embryon.*

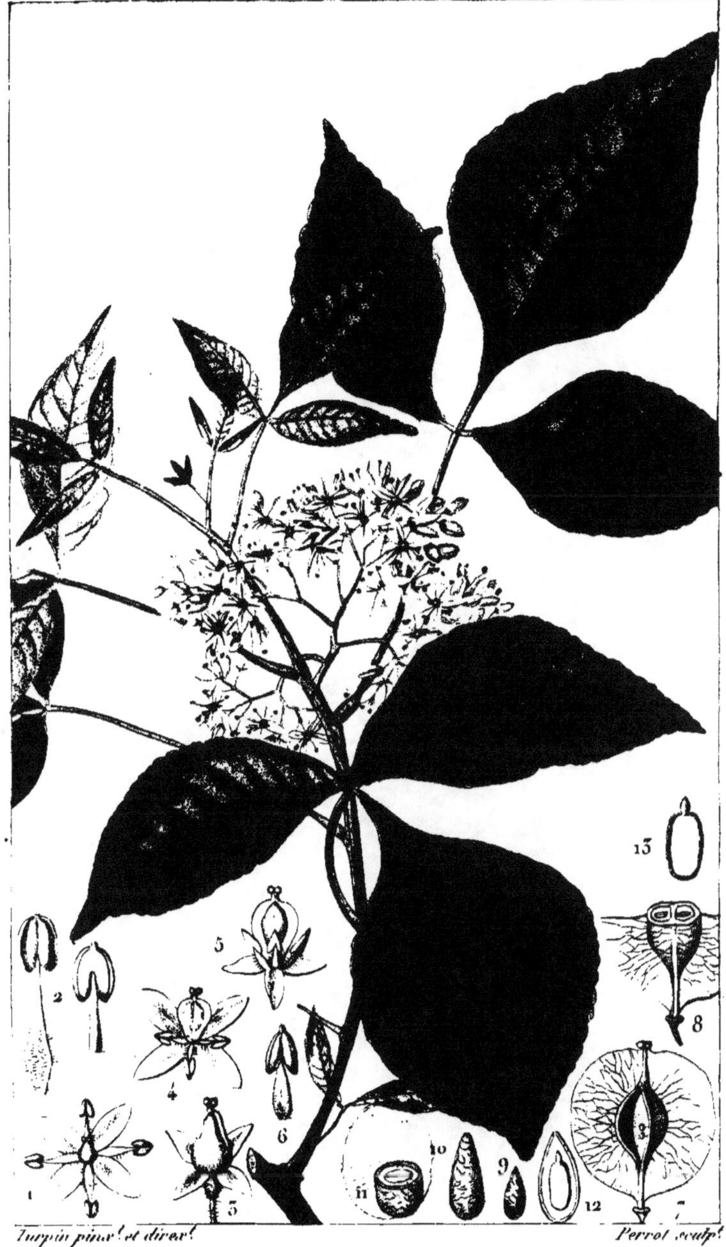

Turpin pinx.! et direx.!   Perrot sculp.!

PTÉLÉA à trois feuilles. *(Individu stérile.)*
PTELEA trifoliata. *(Lin.)*
(1/2 grand. nat.)

1. Fleur stérile. 2. Étamines de la fleur stérile vue en sens différent. 3. Pistil rudimentaire de la même fleur. 4. Fleur fertile. 5. Id. dont on a arraché les pétales.
6. Étamine rudimentaire. 7. Fruit. 8. Id. coupé. 9. Graine. 10. Id. grossie. 11 et 12. Id.
coupées en sens différents. 13. Embryon.

Turpin pinx.t et direx.t   Forget sculp.

PITTOSPORUM tomenteux.

PITTOSPORUM tomentosum. Bonpl.

1/2 Grand. nat.

1. Pistil, étamines et un pétale. 2. Calice. 3. Coupe horizontale d'un ovaire. 4. Fruit. 5. Id. coupé en travers. 6. Graine. — Id. coupée pour en voir la situation de l'embryon dans le périsperme. Toutes ces parties appartiennent au Pittosporum undulatum.

Turpin fils pinx.!   Plée sculp.!

BILLARDIÈRE grimpante.

BILLARDIERA scandens. *(Smith.)*

(½ Grand. nat.)

1. Bouton de fleur. 2. Fleur épanouie. 3. Pistil, accompagné du calice persistant. 4. Pistil et étamines. 5. étamine, grossie. 6. Id. vue par le dos. 7. Fruit coupé horizontalement. 8. Graines. 9. Graine, grossie. 10. Id. coupée verticalement, pour faire voir que l'embryon est situé à la base de l'endosperme.

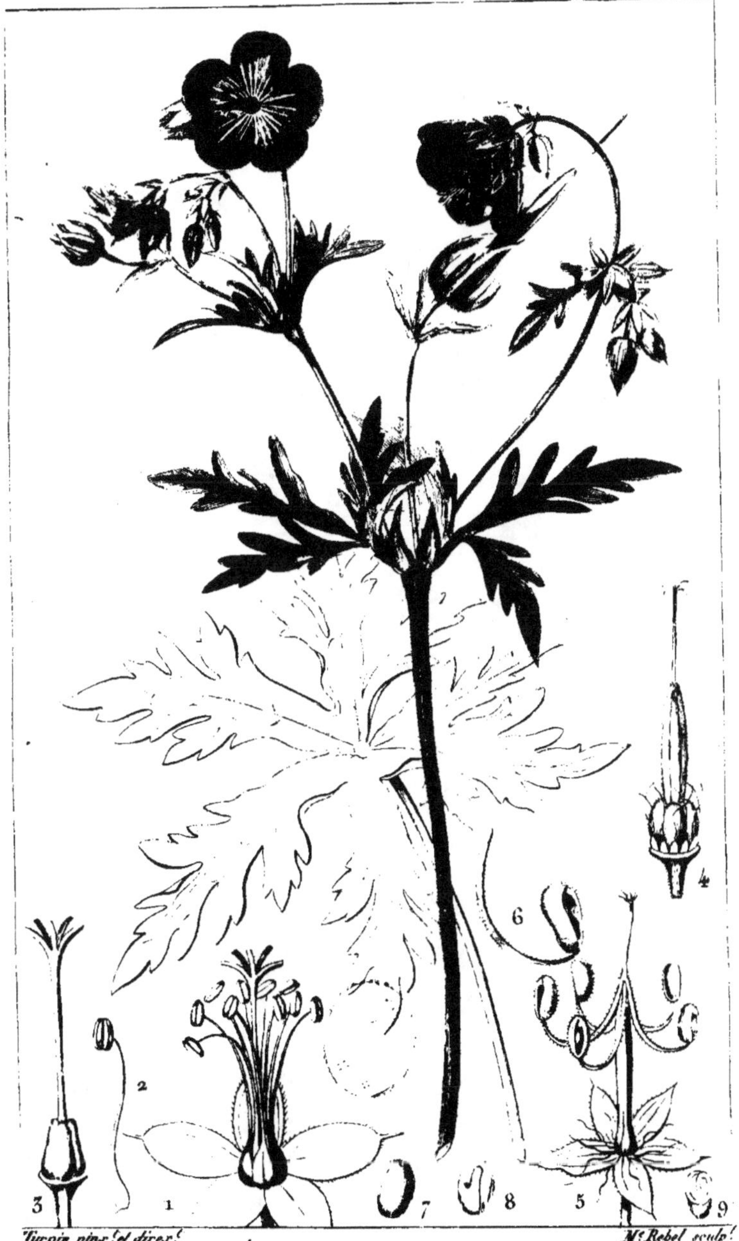

GÉRANIUM des prés.
GÉRANIUM pratense. *(Lin.)*
(Grand. nat.)

1. Une fleur dont on a enlevé la corolle. 2. Étamine. 3. Pistil. 4. Fruit. 5. Id. dont les cinq coques se sont détachées de la base. 6. Une coque isolée. 7. Graine. 8. Embryon. 9. Id. coupé en travers.

OXALIDE violette.

OXALIS violacea *(Jacq.)*
(Grand . nat .)

1. Pistil et étamines. 2. Une foliole calicinale. 3. Un pétale. 4. Pistil. 5. Une des cinq parties du pistil coupée verticalement. 6. Fruit. 7. Id. coupé horizontalement. 8. Graine. 9. Id. coupée verticalement. 10. Embryon.

Turpin pinx. et direx.?   Victor sculp.

CAPUCINE cultivée.

TROPÆOLUM majus. (Lin.)

(Grand. nat.)

1. Fleur dépourvue de pétales. 2. Un des trois pétales inférieurs. 3. Pétale supérieur. 4. Étamine. 5. Pistil. 6. Ovaire coupé horizontalem.? 7. Fruit. 8. Une coque isolée. 9. Graine. 10. Une coque en germination. a. Coléorhizes. b. Téguments du péricarpe et de la graine recouvrant deux feuilles cotylées, soudées par leurs sommets. c. Tigelle. d. Secondes feuilles opposées. e. Stipules.

Turpin pinx.! et direx.!   Massard sculp.!

BALSAMINE des Bois.
IMPATIENS noli-tangere. *(Lin.)*
(Grand. nat.)

1. Fleur dont on a enlevé l'un des grands pétales latéraux. a. Calice. bbb. Corolle. 2. Calice, étamines et pistil. 3. Pistil. 4. Anthère. 5. Fruit. 6. Id. péricarpe ouvert par élasticité. 7. Péricarpe coupé horizontalem! 8. Graine gross. nat. 9. Id. grossie. 10. Id. vue de côté. 11. Id. coupée horizontalem.! 12. Embryon.

LIN à trois styles
LINUM trigynum.
(1½ Grand. nat.)

1. Calice, pistil et étamines. 2. Étamines. 3. Pistil. 4. Fruit. 5. Id. coupé horizontalem.ᵗ
6. Graine. 7. Id. grossie. 8. Id. coupée horizontalement. 9. Embryon.

Turpin pinx.ᵗ et direx.ᵗ   Joyeau sculp.ᵗ

COTONNIER à trois pointes.

GOSSYPIUM tricuspidatum. *(Lam.)* G. religiosum *(Lin.)*

(1 2 Grand . nat .)

1. Corolle et tube staminifère ouverte. 2. Pistil accompagné en a de 3 feuilles involucrales et en b du calice. 3. Péricarpe coupé horizont.^{ent} pour faire voir les 3 loges et le point d'attache des graines dans l'angle des loges. 4. Une graine chargée de son duvet. 5. Id. coupée en travers. 6. ...

BOTANIQUE.

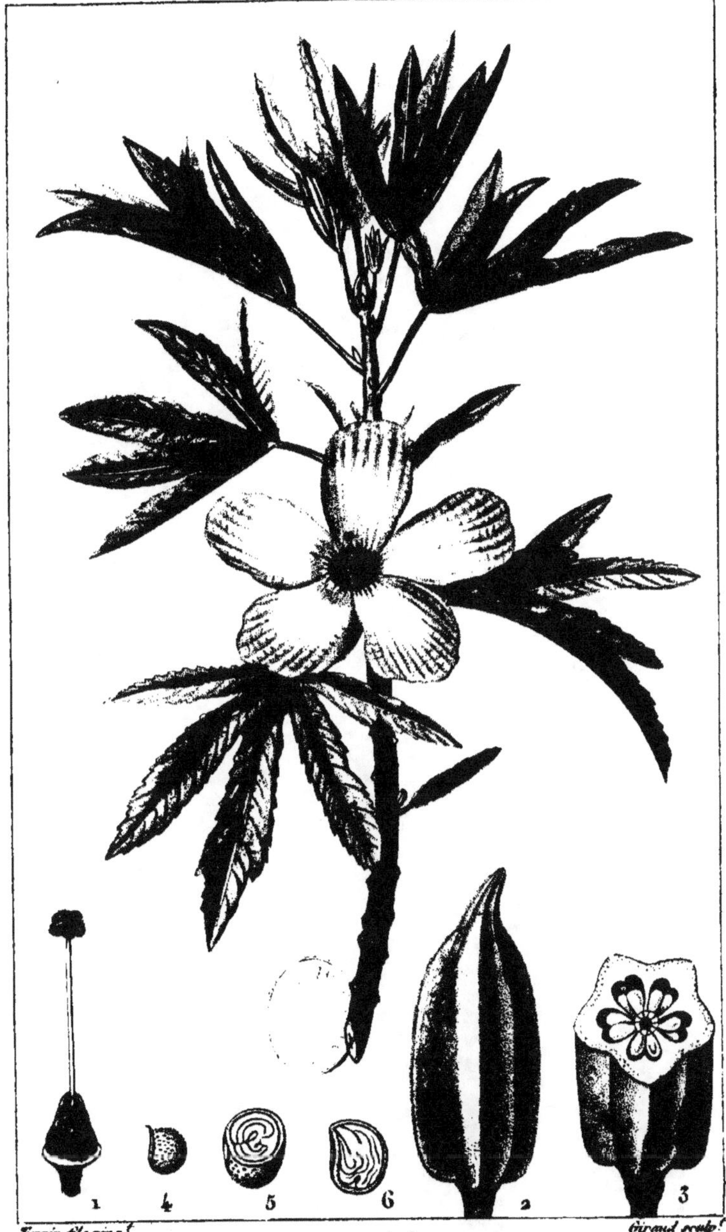

KETMIE hétérophylle.

HIBISCUS heterophyllus. (Vent.)

(2/3 de Grand. nat.)

1. Pistil. 2. Fruit. 3. Id. coupé horixontalem.t 4. Graine. 5. Id. coupée horixont.t
6. Id. coupée vertical.t (tous ces détails appart.t à l'Hibiscus esculentus.)

LAGUNE écailleuse.
LAGUNEA squamea. *(Vent.)*
(¹/3 de Grand. nat.)

1. Fleur en bouton. 2. Corolle ouverte, pistil et étamines. 3. Pistil. 4. Coupe horizontale d'un ovaire. 5. Ovule isolé.

CHEIROSTEMON à feuilles de platane.

CHEIROSTEMON platanoides. *(Humb. et Bonpl. Plant. équin.)*

(½ Grand. nat.)

1. Calice pétaloïde et étamines soudées entre-elles et le tube du calice. 2. Pistil. a. Phycostème annulaire. 3. Fruit. 4. Id. coupé horizontalement. 5. Graine. a. Arille incomplet, caronculaire. 6. Id. coupée vert.t. 7. Id. horis.tal pour faire voir que l'embryon est situé au ... de ... perme. 8. Embryon.

Turpin pinx.t et direx.t   Giraud sculp.t

BUTTNÈRE inodore.
BUTTNERIA inodora. *(Gay, inéd.)*

(Grand. nat.)

1. Fleur entière, grossie. a. Calice. b. Corolle. c. Phycostème. 2. Fleur dont on a enlevé une partie du calice. 3. Étamines soudées, alternativem.t avec les lobes du phycostème. 4. Un pétale. 5. Étamine. 6. Pistil. 7. Coupe horizontale d'un jeune Fruit. 8. Stipule.

Turpin pinx! et direx! Gabriel sculp!

THOMASIA solanacea. *(Gay.)*
(Grand. nat.)

1. Fleur entière, grossie. 2. Pistil. 3. Étamines soudées, alternativement avec
les lobes du phycostème. a. Appendicules staminifères. 4. Une étamine et un
lobe du phycostème. 5. Coupe horizontale d'un ovaire. 6. Un poil étoilé.

STERCULIER chichà.

STERCULIA chichà. *(Aug. St Hil. inéd.)*

(1/2 grand. nat.)

1. Pubescence étoilée. 2. Une étoile isolée.

HERMANE à calices enflés.
HERMANNIA inflata.

(¹⁄₂ Grand. nat.)

1. Fleur entière. 2. Pistil et étamines. 3. Étamines liées entre-elles par le moyen d'une membrane. 4. Une étamine isolée. 5. Pétale. 6. Pistil. 7. Fruit accompagné du calice. 8. Id. dépouillé du calice. 9. Id. coupé horizontalem.t 10. Graine. 11. Id. grossie. 12. Id. coupée dans sa longueur pour faire voir la situation de l'embryon.

Turpin pinx.^t et direx.^t   Victor sculp.^t

STERCULIA Balanghas. *(Péricarpe ouvert.)*
(½ Grand. nat.)

1. Fleur de grand.^r nat.^{lle} 2. Pistil et étamines. 3. Id. grossis. 4. Id. plus développés.
5. Anthère. 6. Id. vue de côté. 7. Ovaire coupé horizontalem.^t Les fig. 1, 2, 3, 4,
5, 6 et 7. appartiennent au Sterculia chichà. *(St Hil. inéd.)* 8. Graine de gross.^r
nat.^{lle} 9. Id. coupée horizontalem.^t 10. Amande. 11. Embryon. 12. Id.

Turpin pinx. et direx.   Plée sculp.

TROCHÉTIE à trois fleurs.

TROCHETIA triflora. DC. Mém. Mus. d'Hist. nat. ;
(2 Grand. nat.)

1. Fleur avant son parfait développement. a. Involucre. b. Calice. 2. Calice ouvert.
3. Fleur dépouillée de son involucre et de son calice. 4. Pétale. 5. Pistil et étamines. 6. Étamines fertiles et stériles. 7. Étamine. 8. Id. vue par le dos. 9. Pistil. 10. Ovaire coupé
horizontalem.t 11. Poil étoilé. 12. Une portion du même pour faire voir les cloisons

Turpin pinx.t et direx.t   Jules sculp.t

SARCOLÈNE à fleurs nombreuses.
SARCOLENA multiflora. (Pet. Th.)
(¼ grand. nat.)

1. Fleur avant l'anthèse. 2. Fleur ouverte. 3. Id. coupée vertic.t a. Calice. b. Involucre. 4.
Base des étamines, tordues. a. Phycostème. 5 et 6. Étamines vues en différents sens. — Pistil.
8. Ovaire coupé. 9. Fruit. 10. Id. dont on a enlevé la partie supérieure de l'involucre
charnu qui persiste autour du péricarpe. 11. Fruit coupé verticalem.t 12. Péricarpe isolé,
ouvert. a. Ovule avorté. 13. Graine. 14. Id. coupée. 15. Id. coupée. 16. Embryon

TILLEUL blanc.

TILIA alba *(Willd.)*

(? 3 Grand . nat .)

1. *Préfleuraison .* 2. *Parties sexuelles d'une fleur avant son développement .* 3. *Fleur entière .* 4. *Ecaille ou ligule staminifère .* 5. *Etamine .* 6. *Coupe horizont.le d'un ovaire .* 7. *Id . en longueur.* 8. *Fruit .* 9. *Id . coupé en travers .* 10. *Graine vue du côté convexe .* 11. *Id . côté intérieur .* 12. *Id . coupée en travers .* 13. *Embryon .*

Turpin pinx.! et direx.!   Schmelz. sculp.!

GANITRE azuré.

***ELÆOCARPUS* cyaneus.** *(El. acuminatus. Bonp. Plant. rar. Malm. Tab. 30.)*
(1/4 Grand. nat.)

1. Fleur entière. 2. Id. dépouillée de son calice et de sa corolle. a. Phycostème glandulaire, extérieur aux étamines. 3. Pétale. 4. Phycostème. 5. Étamine. 6. Fruit. 7. Id. coupé horizontalement. 8. Id. dont on a enlevé, en deux sens différents, la partie molle du péricarpe. 9. Graine. 10. Id. coupée horizontalement. 11. Embryon isolé. (Les fig. 6, 7, 8, 9, 10 et 11 appartiennent à l'Elæocarpus serratus. Lin.)

ROCOUIER cultivé.
BIXA orellana. *(Lin.)*
(½ Grand. nat.)

1. Fleur entière, vue en dessous. 2. Pétale. 3. Étamine. 4. Pistil. a. Glandes caliculaires.
5. Fruit tel qu'il s'ouvre pour la dispersion des graines. 6. Graine munie de son pédicule ou
méritalle (cordon ombilical des botanistes.) 7. Graine coupée verticalem.t pour faire
voir que l'embryon est situé au milieu d'un endosperme. 8. Embryon. 9. Graine
germante. a. Ligne médiane.

RAMONTCHI des haies.

FLACOURTIA sepiaria. *(Roxb.) (Grand. nat.)*

1. Fleurs stériles. 2. Étamine. 3. Id. vue par le dos. 4. Fleur fertile 5. Fruit. 6. Id. coupé horizontalem.t 7. Un osselet isolé ou une graine vêtue de l'endocarpe. 8. Id. coupé horizontalem.t 9. Graine. 10. Id. coupée dans sa longueur. 11. Embryon. Les fig. 5. 6. 7. 8. 9. 10 et 11 appartiennent au Flacourtia Ramontchi.

TERNSTROME à feuilles elliptiques.
TERNSTROMIA ellíptica .(Vahl.)
(2.3 Grand.nat.)

1.Corolle ouverte et étamines. 2.Etamine grossie. 3.Pistil. 4.Coupe horizontale d'un ovaire. 5.Fruit accompagné du calice et du style persistant. 6.Id.coupé horizont.^{nt} a.Graines avortées. 7.Graine grossie. 8.Id.coupée dans sa long.^r 9.Embryon isolé.

DICOTYLÉDONES.   Camelliées. *(DC.)*

CAMELLIA du Japon.
CAMELLIA Japonica. *(Lin.)*
(½ Grand. nat.)

1. *Feuilles rudimentaires, écailleuses, alternes, composant le calice de la fleur.*
2. *Pistil, autour duquel on a figuré les écailles du calice.* 3. *Corolle ouverte pour faire voir l'adhérence des étamines.* 4. *Étamine isolée.*

THÉ bou.
THEA bohea. *(Lin.)*
1 à 3 Grand. nat.

1. Calice et pistil. 2. Ovaire coupé horizontalem.t 3. Fruit. 4. Une coque isolée. 5. Id.
dont on a enlevé une portion du péricarpe. 6. Graine. 7. Embryon dont on a
écarté les feuilles cotylées.

Turpin pinx. et direx. M.^e mayot sculp.

MARGRAVE à ombelles.
MARCGRAVIA umbellata.
(1/3 de grand. nat.)

A. Rameau fertile. B. Rameau stérile, radicant. 1. Feuille florale, tubuleuse, surmontée d'un bouton de fleur. 2. Fleur épanouie. 2 a. Corolle monopétale, en coëffe. 3. Fruit. 4. Id. coupé horizontalement. 5. Graine grossie.

Turpin pinx! et direx!   Victor sculp.

CLUSIER rose. *Figuier maudit.*

CLUSIA rosea. (Lin.)

Individu femelle. (1/3 Grand. nat.)

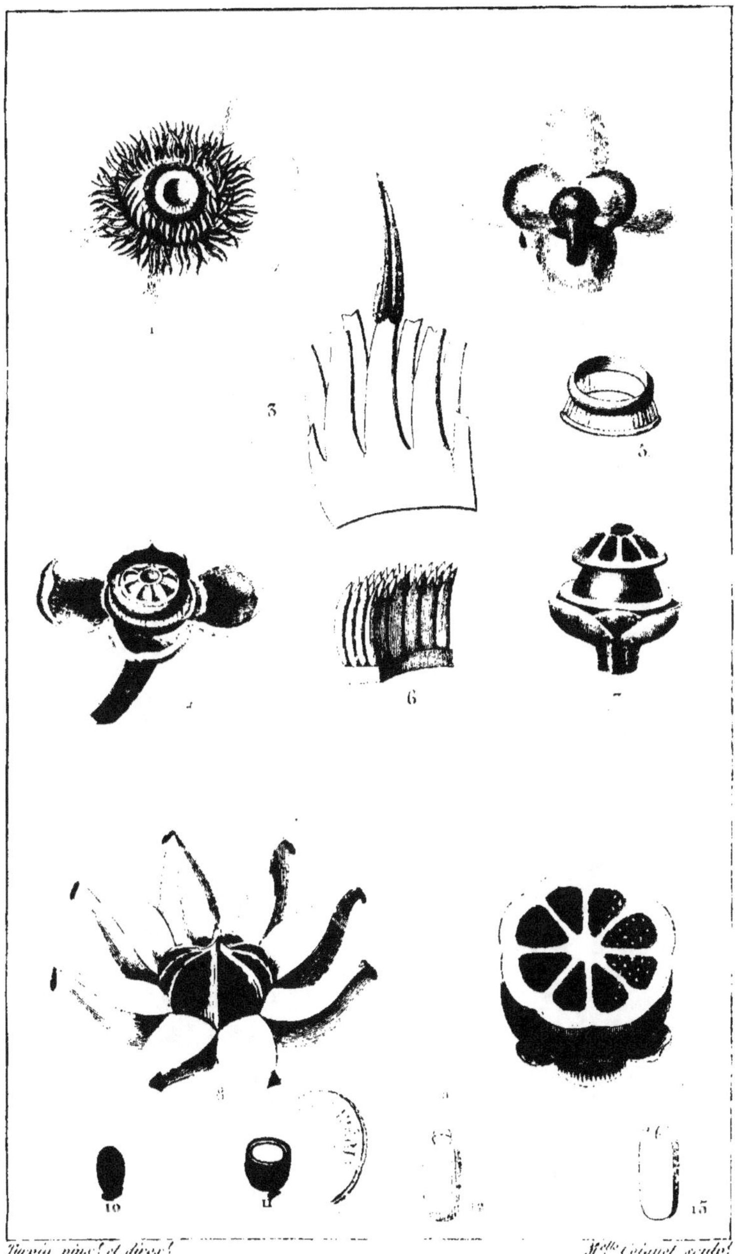

Turpin pinx.t et direx.t   M.lle Coignet sculp.t

CLUSIER rose. *Figuier maudit.*

CLUSIA rosea. *Ait.*

(1/2 Grand. nat.)

1. Fleur mâle, par avortement. 2. Calice de la même. 3. quelques filets d'étamines dont l'un porte une anthère. 4. Calice et pistil d'une fleur femelle. 5. Étamines avortées, agglutinées en un anneau. 6. Portion du même anneau dont on a enlevé le bourrelet anthérifère. 7. Pistil. 8. Fruit ouvert. 9. Id. coupé horizont.t 10. Graine enveloppée de son arille. 11. La même coupée. 12. Id. dépouillée de son arille. 13. Cotylédons. 14. Coupe vert.t de l'embryon.

DICOTYLÉDONES. Guttifères. *(Juss.)*

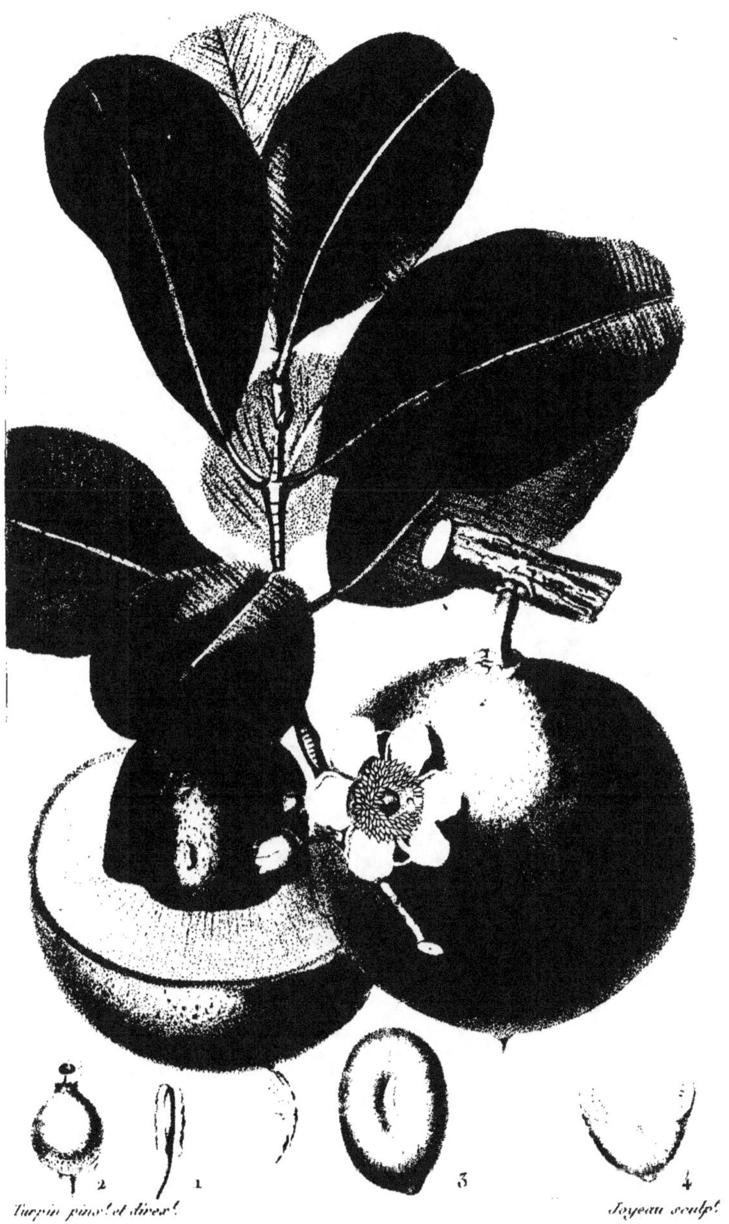

MAMEI d'Amérique.
MAMMEA Americana. *(Lin.)*
(1/3 Grand. nat.)

1. Étamine grossie. 2. Pistil. 3. Graine. 4. Id. coupée horizontalement.

MILLEPERTUIS commun.

HYPERICUM perforatum. *(Lin.)*

1 *Portion de feuille vue à la loupe.* 2 *Etamines et pistil.* 3 *Pétale.* 4 *Etamine.*
5 *Fruit.* 6 *le même coupé horisontalement.* 7 *Graine grossie.* 8 *la même coupée*
longitudinalement. 9 *Embryon.* 10 *Tige grossie.*

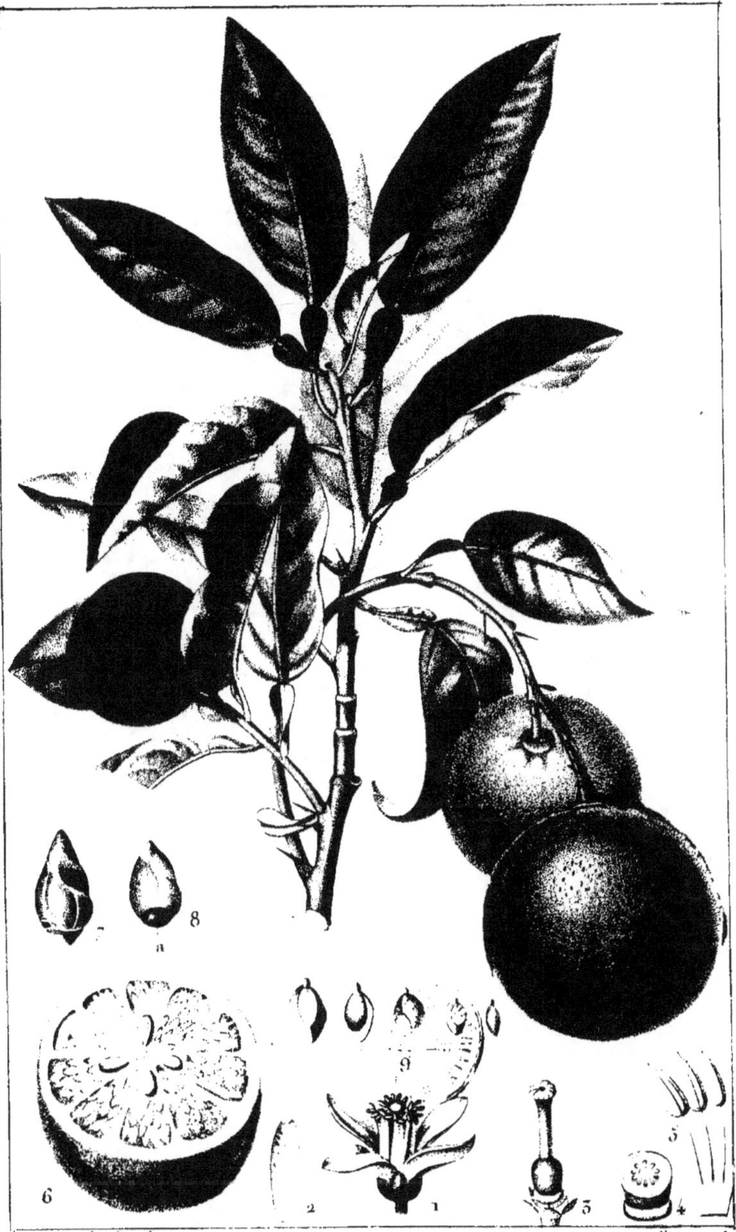

ORANGER à fruits doux.
CITRUS aurantium. *(Lin.)*
(½ grand. nat.)

1. Fleur entière. 2. Pétale. 3. Calice et pistil. 4. Coupe horizontale d'un ovaire. 5. quelques étamines réunies à leur base. 6. Coupe horiz. d'un fruit. 7. Graine. 8. la même dépouillée de sa tunique extér. en a la chalaze. 9. cinq embryons distincts, contenus dans une seule graine.

VIGNE cultivée.

VITIS vinifera. *(Lin.)*

(¹⁄₂ Grand. nat.)

1. Rameau de fleurs. 2. Fleur avant l'anthèse. 3. Une autre pour faire
voir que les divisions de la corolle s'ouvrent de bas en haut. 4. Id. dépouillée
de sa corolle. 5. Coupe verticale d'un pistil. 6. Coupe horizontale d'un
ovaire. 7. Fruit. 8. Id. coupé dans sa longueur. 9. Graine. 10. Id. coupée. 11. Emb.on

Turpin pinx.t et direx.t   Bourrey sculp.t

ACHIT caustique.

CISSUS caustica. (Juss. fl. des Ant.)

(½ grand. nat.)

1. Fleur. 2. Calice. 3. Pistil et étamines. 4. Pétale. 5. Pistil. 6. Fruit. — Id. dont on a
enlevé une portion du mésocarpe. 8 et 9. Graines pourvues de l'endocarpe.
10. Id. coupée horizontalement. 11. Id. coupée verticalem.t 12. Embryon.

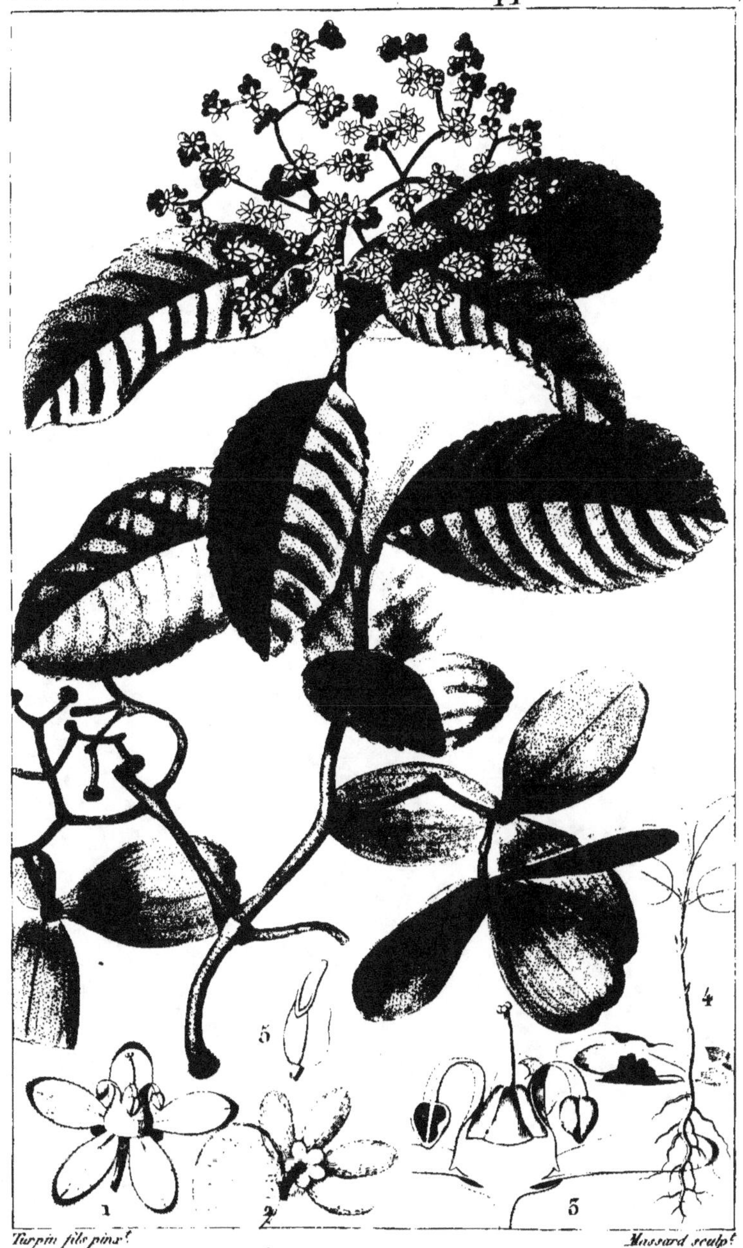

BÉJUGO grimpant.
HIPPOCRATEA scandens. *(Lin.)*
(½ Grand. nat.)

1. Fleur entière. 2. Id. vue par derrière. 3. Id. coupée vertical.t 4. Germination. 5. Graine.

Turpin pinx.* et direx.*   Massard sculp.*

ÉRABLE sycomore.
ACER pseudoplatanus. (Lin.)
(1. 2 Grand. nat.)

1. *Fleur stérile.* 2. *Id. dont on a enlevé le calice, la corolle et presque toutes les étamines.*
a *Phycostème.* 3. *Étamine.* 4. *Id. vue par le dos.* 5. *Pétale.* 6. *Fleur fertile.* 7. *Id. dépouillée de son calice, de sa corolle et de presque toutes ses étamines.* a *Phycostème.* 8. *Fruit dont on a enlevé une portion du péricarpe pour faire voir l'attache de la graine.* 9. *Portion de fruit coupée de manière à ce que l'on puisse voir la situation de l'embryon.* 10. *Graine.*

MOUREILLER à grandes feuilles.
MALPIGHIA macrophylla. *(Pers. Synops.)*
(½ Grand. nat.)

1. Fleur entière, grossie. a. Glandes calicinales. 2. Pistil et étamines, soudées par la base.
3. Fruit. (Gross. nat.) 4. Id. coupé horizontalem.t 5. l'Une des trois graines revêtue de
son endocarpe. 6. Graine. a. Chalaze. 7. Embryon dont on a écarté les protophylles.
8. Aiguillon géminé, tubuleux, cloisonné, détaché de la face extérieure d'une feuille.

PAVIE rouge.

PAVIA rubra. *(Ait. Kew.)*

(½ Grand. nat.)

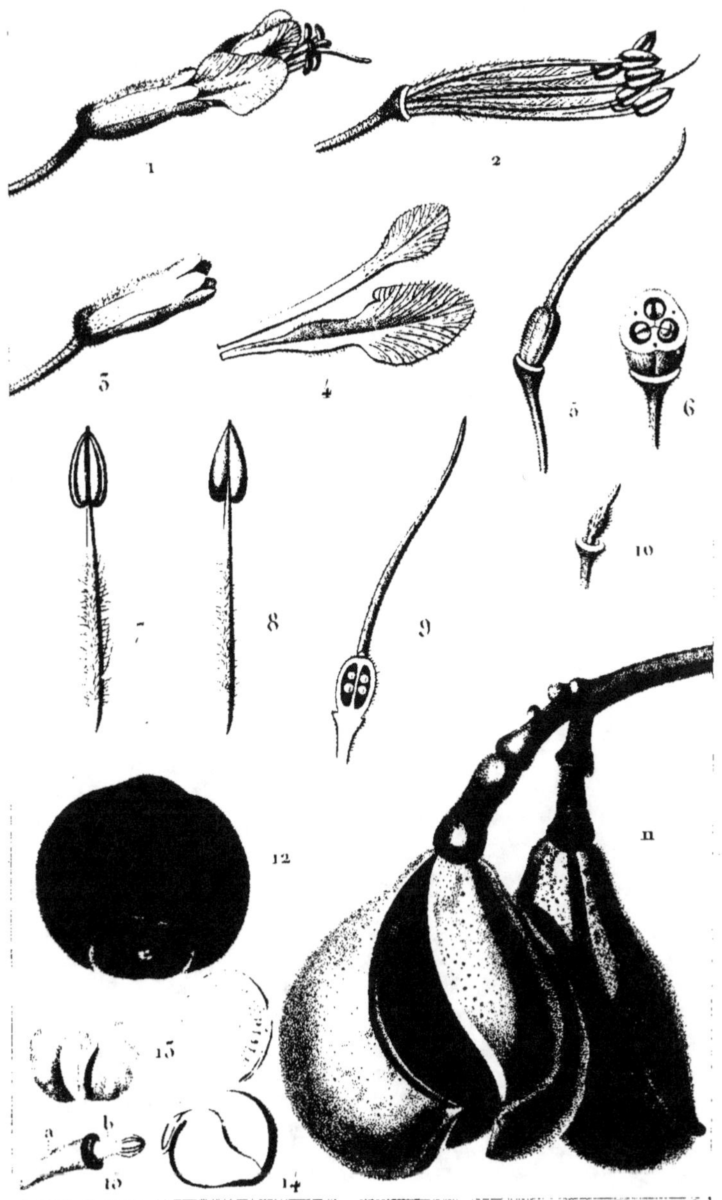

Turpin, pinx.t et direx.t   Victor sculp.t

Analyse de la fleur et du fruit.

PAVIA rubra.

1. Fleur entière. 2. Pistil et étamines. 3. Calice. 4. Deux pétales. 5. Pistil. 6. Coupe horizontale d'un ovaire pour faire voir que chacune des trois loges contient deux ovules. 7. Étamine. 8. Id. vue par le dos. 9. Coupe verticale d'un ovaire. 10. Pistil rudiment.re détaché d'une Fleur stérile. 11. Fruits. 12. Graine. 13. Embryon. 14. Id. coupé vertical.t 15. Id. privé de ses feuilles cotylées. a. Tigelle (radicule.) b. Gemmule.

DICOTYLÉDONES.   Erythroxylées. *(Kunth.)*

ERYTHROXYLON à feuilles de laurier.
ERYTHROXYLUM laurifolium. *(Lam.)*
(1/2 grand. nat.)

1. Fleur avant l'anthèse. 2. Id. dépourvue de ses pétales. 3. Étamine. 4. Pétale avec ses appendices. 5. Pistil. 6. Ovaire coupé. a. Loge et ovule avorté. 7. Id. coupé dans un autre sens. a. Loges et ovules avortés. 8. Fruit. 9. Id. coupé. 10. Id. a. Loges et graines avortées. 11. Id. coupé verticalement. a. Graine avortée. 12. Coupe verticale d'une graine pour faire voir la situation de l'embryon.

Turpin pinx.t et direx.t Massard sculp.t

TRICHILIE à feuilles de monbin.
TRICHILIA spondioïdes. *(Jacq.)*
(½ Grand. nat.)

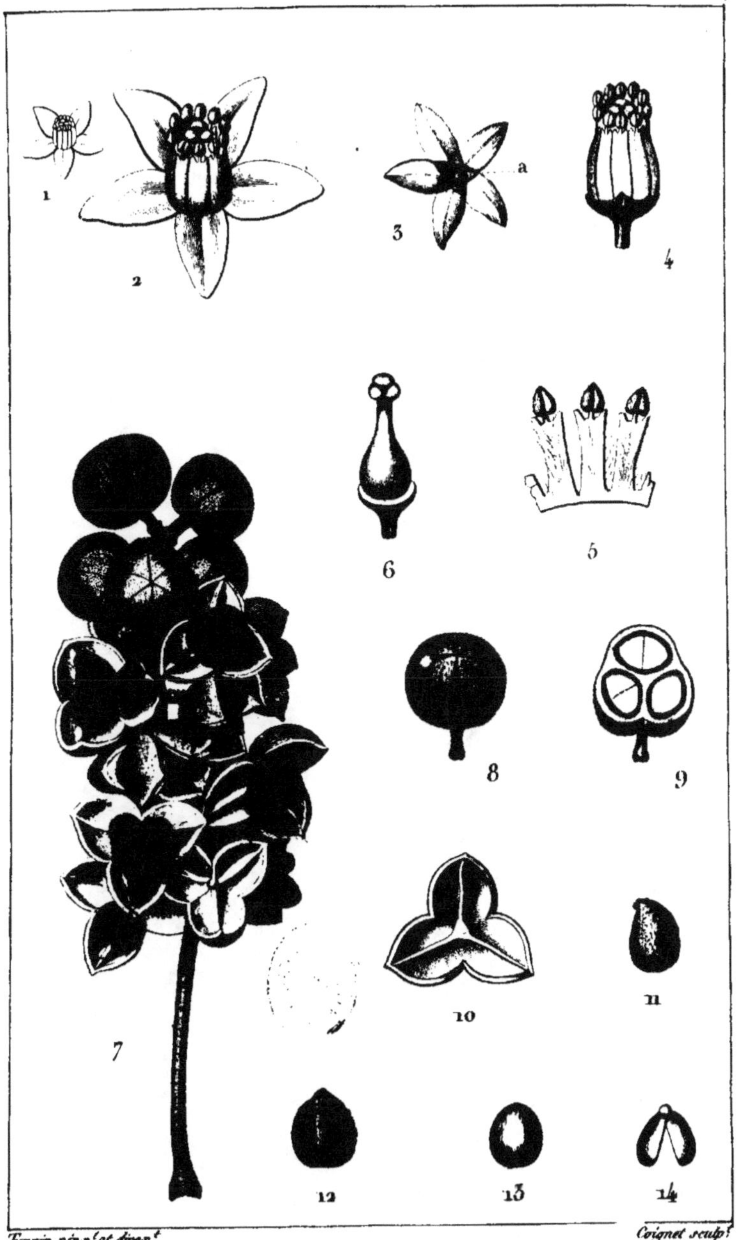

Turpin pinx.t et direx.t   Coignet sculp.t

TRICHILIE à feuilles de monbin.
TRICHILIA spondioides. *(Jacq.)*

1. Fleur de grand. nat. 2. Id. grandie. 3. Id. vue en dessous. a. Calice. 4. Calice, étamines et pistil. 5. Trois étamines soudées par la base. 6. Pistil. 7. Fruits dont la plus grande partie sont ouverts. 8. Fruit. 9. Id. coupé horizont.t 10. Péricarpe ouvert. 11. Graine revêtue de son arille complet. 12. Id. vue sur une autre face. 13. Id. dépouillée de son arille. 14. Embryon.

ACAJOU à meubles.
SWIETENIA mahagoni. *(Lin.)*
(½ Grand. nat.)

1. Fleur entière grossie. 2. Tube staminifère, ouvert. 3. Anthère, grossie. 4. Pistil à Phycostéme annelé, sinuolé. 5. Ovaire coupé horizont.'' 6. Fruit, péricarpe commençant à s'ouvrir. 7. Id. dont on a enlevé deux valves pour faire voir le placenta central et le point d'attache des graines. 8. Graine. 9. Id. coupée pour faire voir la situation de l'amande. 10. Embryon.

THOUINIA à feuilles simples.
THOUINIA simplicifolia. *(Poit.)*
(1½ Grand. nat.)

1. Fleur entière. 2. Id. dépouillée de son calice et de sa corolle. a. Phycostème lobé, interposé entre les étamines et les pétales. 3. Pétale vu intérieurement. 4. Fruit. 5. Id. dont on a enlevé une portion du péricarpe pour faire voir en a la graine. 6. Graine. 7. Id. coupée en travers. 8. Embryon.

Turpin pinx.t et direx.t   Plée sculp.t

LITCHI longane.
EUPHORIA longana. *(Lam.)*
(Grand. nat.)

1.Fleur grossie.a.Phycostème interposé entre les étamines et les pétales.2.Coupe verticale d'une fleur.3.Pétale.4.Étamine.5.Ovaire coupé horizont.tement.a.Une troisième partie avortée.6.Feuille réduite à la moitié de sa grandeur.

LITCHI ponceau.

EUPHORIA punicea. *(Lam.)* Scythalia chinensis. *(Gært.)*
(¹/₂ Grand. nat.)

1. Fruit coupé verticalement. 2. Graine dont on a enlevé la moitié de l'arille.
3. Graine coupée horizontalement. 4. Id. coupée verticalement.

POLYGALA commun.
POLYGALA vulgaris. *(Lin.)*

(*Grand. nat.*)

1. *Fleur entière.* 2. *Fleur dépouillée de son calice.* 3. *Partie de corolle avec les étamines.* 4. *Tube staminifère.* 5. *Pistil.* 6. *Fruit accompagné de son calice.* 7. *Fruit.* 8. *Id. coupé.* 9. *Graine.* 10. *Id. coupée pour faire voir l'emb.on*

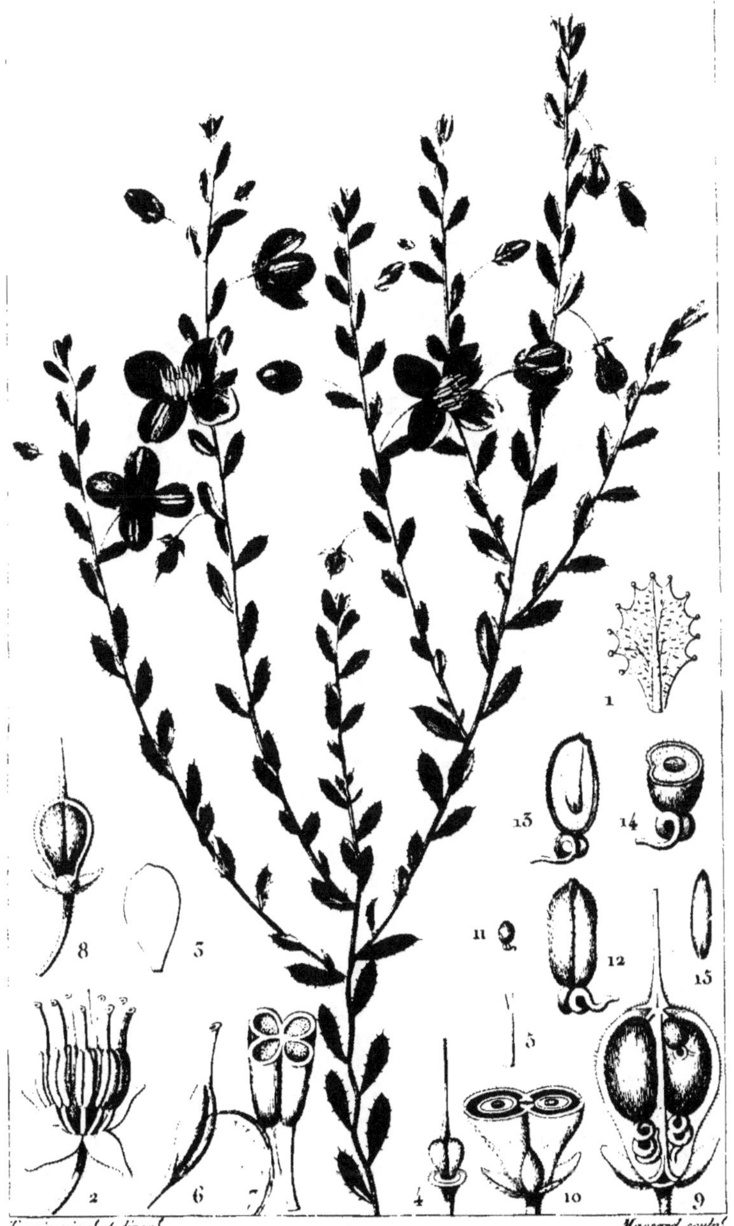

Turpin pinx.t et direx.t   Massard sculp.t

TÉTRATHÉCA glanduleuse.
TETRATHECA glandulosa *(Smith.)*
(Grand. nat.)

1. Feuille grandie. 2. Fleur dépourvue de ses feuilles pétalées. 3. Feuille pétalée. 4. Pistil. 5. Stigmate. 6. Étamine. 7. Id. coupée horizont.ent 8. Fruit. 9. Id. dont on a enlevé l'une des valves pour faire voir le point d'attache des graines. 10. Id. coupé horizont.ent 11. Graine de gross. nat. 12. Id. grossie. 13. Id. coupée vertic.ent 14. Id. coupée horizont.nt 15. Embryon.

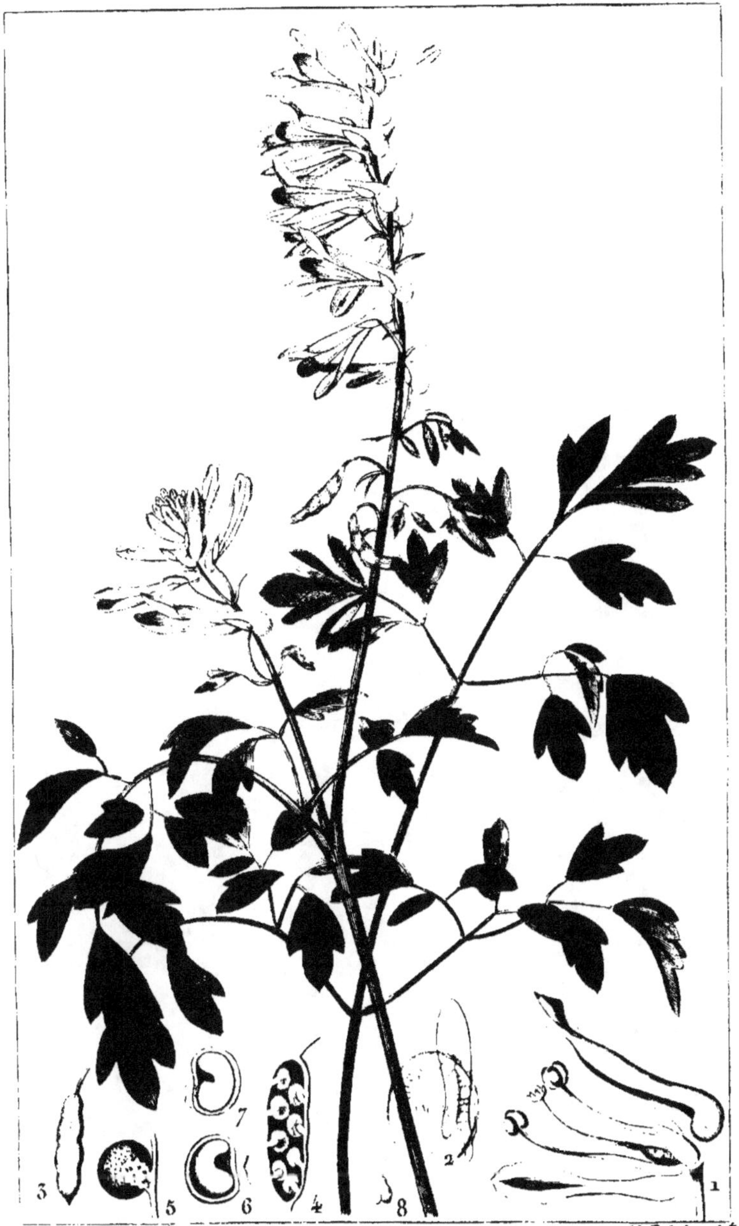

CORYDALIS jaune.

CORYDALIS lutea. (Fumaria. lutea. Lin.)

(Grand. nat.)

1. Fleur décomposée. 2. Un pétale latéral. 3. Fruit. 4. Id. coupé dans sa longueur.
5. Graine tenant à une portion du placenta. 6. Graine dont on a enlevé une partie de
la tunique. 7. Id. coupée par la moitié pour faire voir la situation de l'embryon dans
l'endosperme. 8. Embryon.

PAVOT Cultivé.
PAPAVER Somniferum. (Lin.)

1 Pistil et étamines. 2 Étamine grossie. 3 Fruit. 4 le même coupé horisontalement. 5 Graines. 6 Graine grossie. 7 la même coupée longitudinalem.t 8 Embryon.

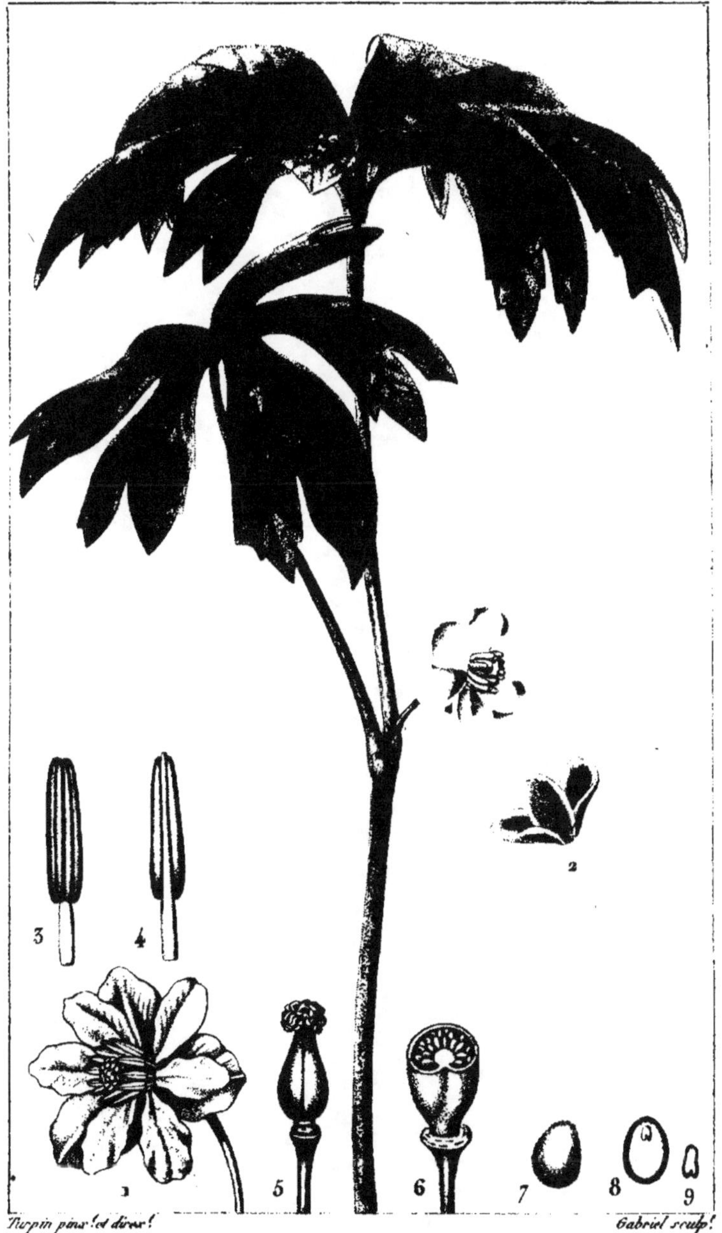

PODOPHYLLUM en bouclier.

PODOPHYLLUM peltatum. *(Lin.)*

(½ Grand. nat.)

1. Fleur de grandeur naturelle. 2. Calice. 3 Etamine. 4 Id. vue par le dos. 5 Pistil.
6. Id. coupé en travers. 7. Graine. 8. Id. coupée verticalement pour faire voir
que l'embryon est niché dans un endosperme. 9. Embryon.

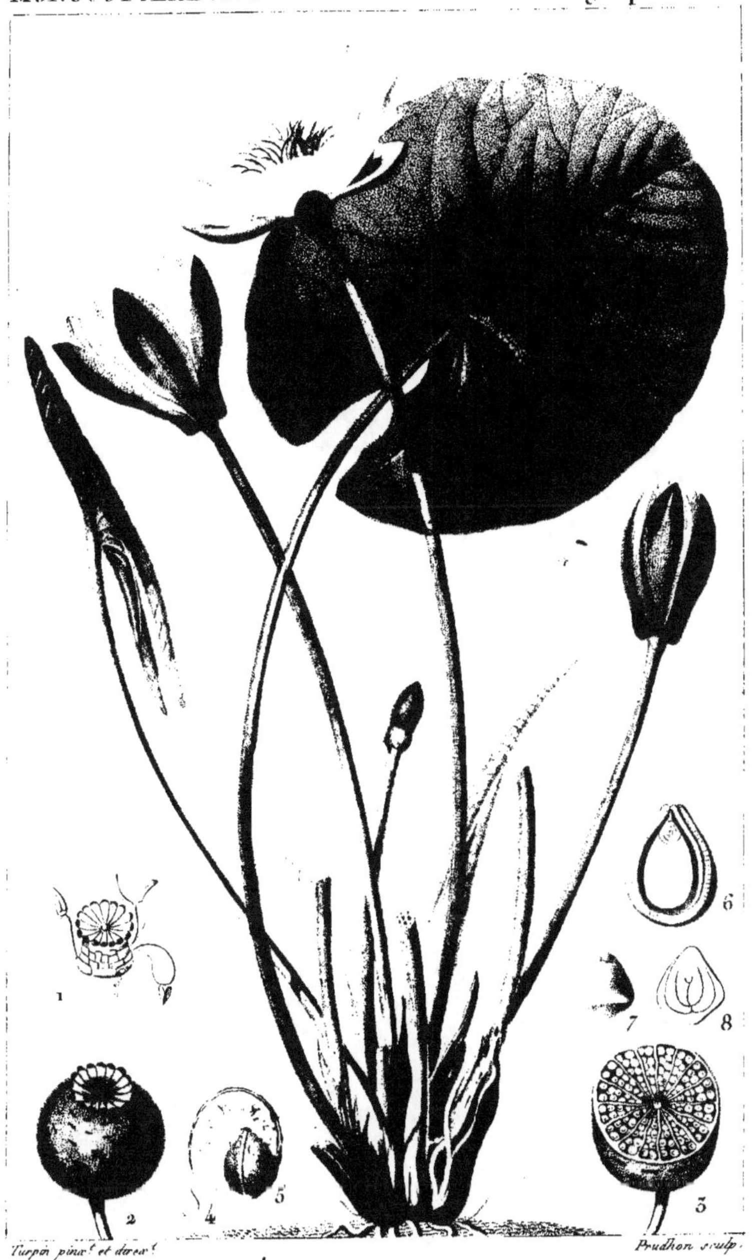

Turpin pinx.t et direx.t

Prudhon sculp.

NÉNUPHAR blanc.
NYMPHÆA alba. *(Lin.)*

1 Pistil à stigmate radié, autour du quel on voit quelques étamines. 2 Fruit.
3 le même coupé horisontalem.t 4 Graine de grosseur naturelle. 5 la même grossie.
6 une autre coupée longitudinalem.t 7 Embryon. 8 le même coupé dans sa longueur.

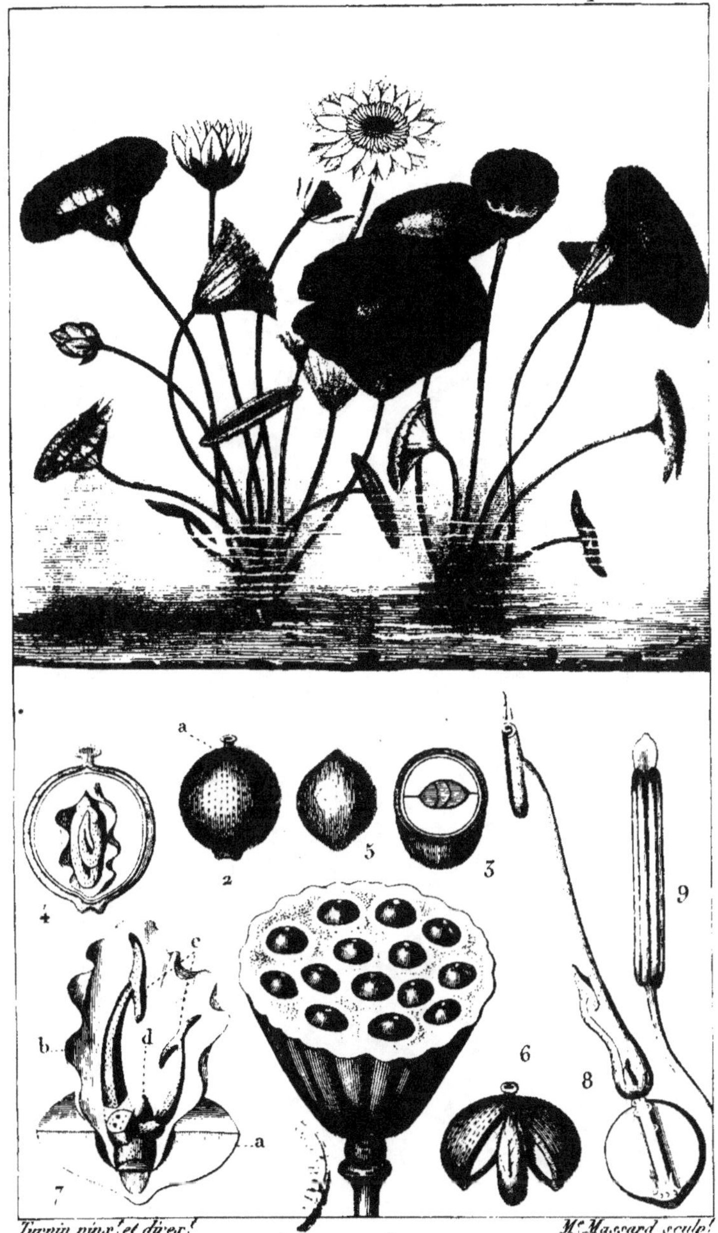

NELUMBO à fleurs jaunes *(d'Amérique.)*
NELUMBIUM luteum. (Mich.x)
(n.ème grand. nat.)

1. Phycostème alvéolé et dont chaque alvéole contient un fruit. 2. Fruit isolé. a. Organe perforé. 3. Fruit coupé horizontalem.t 4. Id. coupé verticalem.t 5. Graine. 6. fruit tel qu'il s'ouvre au moment de la germination. 7. Un embryon. a. Portion de l'un des cotylédons. b. Grande stipule membraneuse servant d'enveloppe à la gemmule. c. Feuilles primordiales alternes. d. Gemmule ou bourgeon terminal de l'embryon. 8. Germination assez avancée. 9. Une étamine.

Turpin pinx.t et direx.t   M.c Massard sculp.t

SARRACÈNE à fleurs purpurines.

SARRACENIA purpurea (Lin.)

(½ grand. nat.)

1. Étamine. 2. Pistil. a. Ovaire. b. Style. c. Stigmate. 3. Fruit coupé horizontalem.t
4. Id. ouvert naturellement. 5. Portion de fruit. 6. Graines de gross. nat. 7. Une
id. grossie. 8. Id. coupée verticalement. 9. Embryon.

Turpin pinx! et direx!   Victor sculp.

GIROFLÉE des murailles.
CHEIRANTHUS cheiri. *(Lin.)*
(Grand. nat.)

1. Calice, étamines et pistil. 2. Étamines et pistil. a. Corps glanduleux. 3. Étam.^{ne}
4. Id. vue par le dos. 5. Pistil. a. Corps glanduleux. 6. Silique ouverte. a.
Valves ou battans. b. Cloison faisant office de placenta. 7. Silique coupée
horizontalement. 8. Embryon.

DICOTYLÉDONES.   Crucifères. *(Siliculeuses.)*

LUNAIRE annuelle.

LUNARIA annua. (Lin.)

(Grand. nat.)

1. Calice et étamines. 2. Étamine grossie. 3. Pistil. 4. Silicule ouverte. 5. Graine.

6. La même coupée horizontalement. 7. Embryon.

CAPRIER d'Egypte.
CAPPARIS Egyptia *(Lam.)*
(1/3 Grand. nat.)

1. Fleur entière, de grand. nat. 2. Pétale 3. Calice et pistil. 4. Fruit coupé en travers.
5. Graine grossie. 6. Id. dont en a enlevé, longitudinalement, une partie du tégument. 7. Embryon.

DIONÉE attrape-mouche.

DIONÆA muscipula . *(Lin.)*

(½ Grand. nat.)

1. Fleur dont on a enlevé les pétales. 2. Pétale. 3. Fruit accompagné du calice persistant. 4. Idem coupé horizontalement .

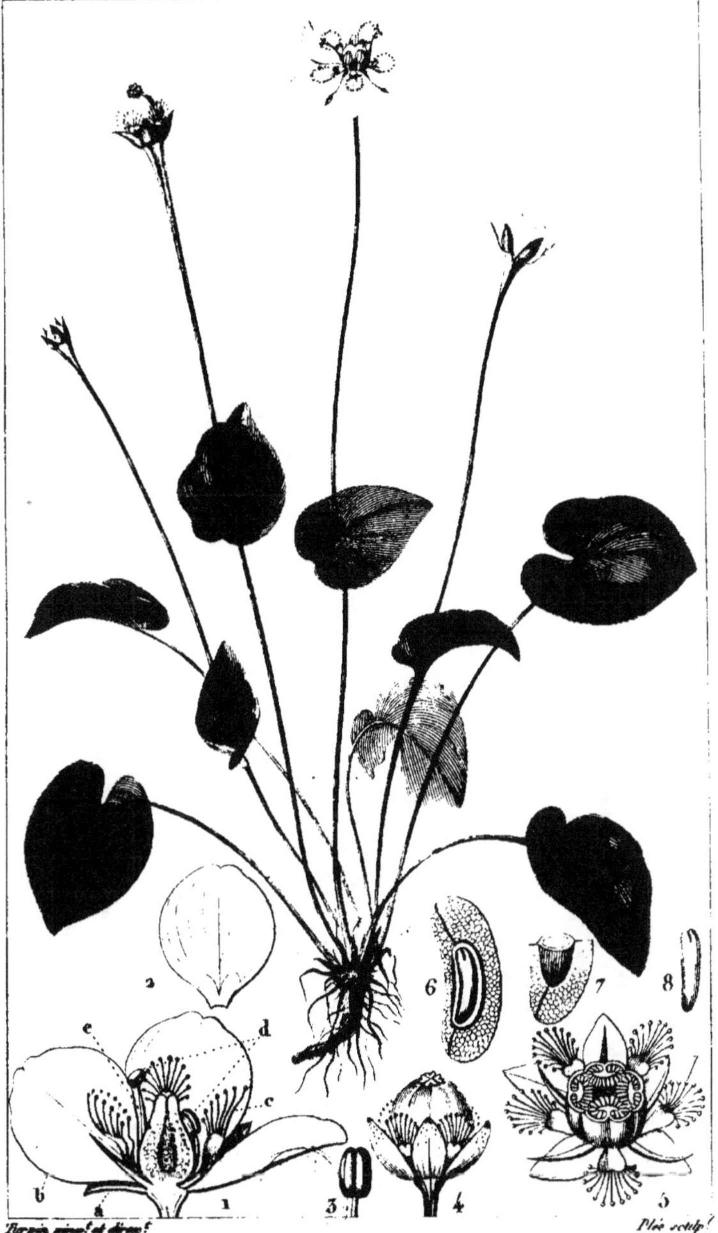

PARNASSIE des marais.
PARNASSIA palustris.
(1½ Grand. nat.

1. Coupe verticale d'une fleur. a. Calice. b. Corolle. c. Phycostème. d. Étamines accrescentes, persistantes. e. Pistil. 2. Pétale. 3. Anthère. 4. Fruit accompagné du calice, du
phycostème et des étamines persistants. 5. Coupe horizontale d'un fruit. 6. Graine grossie dont on a enlevé une partie du tégument pour faire voir la situation de l'embryon.
7. Id. coupée horizontalement. 8. Embryon isolé.

RÉSÉDA jaune.
RESEDA lutea. *(Lin.)*
(1½ Grand. nat.)

1. Fleur entière grossie. 2. Id. dont on a enlevé les pétales et la plupart des étamines a. Calice b. Phycostème unilatéral, interposé entre les étamines et la corolle. c. Étam.nes 3. Calice.
4. Stigmates vus de face. 5. Fruit. 6. Id. coupé horizontalem.t 7. Graine. 8. Id. gros.t 9. Embr.on

VIOLETTE à feuilles digitées.

VIOLA pedata. *(Linn.)*
(2/3 Grand. nat.)

1. Pistil et étamines. 2. Étamine appendiculée. a Éperon laminé. b Appendice terminal.
3. Étamine dépourvue d'éperon. 4. Pistil. 5. Fruit. 6. Id. coupé horizontalem.t 7. Graine.
8. Id. coupée verticalem.t a Arille. b Tunique propre de la graine. c Endosperme. d Embryon.

Turpin pinx.t et direx.t　　　　　Plée sculp.t

FRANQUENNE poudreuse.
FRANKENIA pulverulenta.
(Grand. nat.)

1. Disposition des fleurs sur les rameaux. 2. Fleur. 3. Calice. 4. Pétale. 5. Pistil et
étamines. 6. Fruit accompagné du calice persistant. 7. Fruit dépouillé du calice.
8. Id. coupé horizontalement. 9. Graines. 10. Une feuille.

DICOTYLÉDONES.   Cistinées. *(DC.)*

Turpin fils pinx.   *Talbeau sculp.*

CISTE à feuilles de consoude.

CISTUS symphytifolius. *(Encycl.)*

(½ Grand. nat.)

1. Calice vu par derriere. 2. Coupe verticale d'une fleur dépourvue de sa corolle. 3. Etamine grossie. 4. Fruit. 5. Id. dépouillé de son calice et tel qu'il s'ouvre dans sa maturité. 6. Id. coupé transversalement. 7. Graines de gross. nat. 8. Graine grossie. 9. Id. coupée dans sa long.r pour faire voir l'Embryon.

LYCHNIDE à grandes fleurs.

LYCHNIS grandiflora. *(Jacq.)* *(1.2.3. Grand. nat.)*

1. Préfleuraison. 2. Calice. 3. Pistil et étamines. 4. Un pétale avec étamine soudée. 5. Anthère grossie. 6. Id. vue par le dos. 7. Fruit revêtu du calice persistant. 8. Id. dépouillé du calice et tel qu'il s'ouvre dans la maturité. 9. Id. coupé horizontalement. 10. Graine grossie. 11. Id. coupée verticalement pour montrer la direction de l'Embryon. *(Les fig. 7.8.9.10 et 11 appartiennent au Lychnis dioica.)*